职业教育装备制造类"十五五"系列教材

电气控制技术

主　编 ◎ 韩四满

副主编 ◎ 张　晋　王玉红

华中科技大学出版社
http://press.hust.edu.cn
中国·武汉

内 容 提 要

　　本书以项目为载体、以典型工作任务为导向,将理论与实践融为一体,主要介绍了常用低压电器的型号、规格、结构、工作原理以及在控制电路中的作用;通过大量实验和实训项目,让学生在实践中掌握各种低压控制电路和典型机床电气控制电路的安装、调试以及故障排除方法,以提高学生的动手能力和解决实际问题的能力。为了帮助读者理解和掌握,本书在每个任务结束后均设计了适量的思考与练习题。

　　本书内容丰富,结构清晰,既注重理论知识的传授,又强调实践技能的培养,是一本适合高等院校机电一体化技术、电气自动化技术、工业机器人技术、供用电技术等相关专业的教材,也可供有关工程技术人员阅读和使用。

图书在版编目(CIP)数据

电气控制技术 / 韩四满主编. -- 武汉 : 华中科技大学出版社,2025.8. -- ISBN 978-7-5772-1316-3

Ⅰ. TM921.5

中国国家版本馆 CIP 数据核字第 2025UD8777 号

电气控制技术	韩四满 主编

Dianqi Kongzhi Jishu

策划编辑:聂亚文

责任编辑:余晓亮

封面设计:孢　子

责任监印:曾　婷

出版发行:华中科技大学出版社(中国·武汉)　　电话:(027)81321913

　　　　　武汉市东湖新技术开发区华工科技园　　邮编:430223

录　　排:武汉蓝色匠心图文设计有限公司

印　　刷:武汉市籍缘印刷厂

开　　本:787mm×1092mm　1/16

印　　张:10.75

字　　数:268 千字

版　　次:2025 年 8 月第 1 版第 1 次印刷

定　　价:45.00 元

在电气工程技术领域,电气控制技术作为其核心与灵魂,对于培养具备实践能力与创新精神的高素质电气技术人才具有不可或缺的作用。为了更好地适应现代电气技术的发展趋势,满足企业需求,贯彻国家教育改革实施方案,培养符合市场需求的高素质电气技术人才,我们编写了这本活页式教材。本书具有以下特点:

(1)内容立足于智能制造背景下企业发展新需求和机电类专业毕业生所需要的岗位能力,并对接四级电工职业技能等级标准。

(2)以"项目引领、任务驱动"为核心理念,旨在通过实际项目的实施,使学生在完成任务的过程中,深入理解电气控制技术的理论知识,掌握电气控制系统的设计、安装、调试与运行维护等实践技能。通过项目的引领,学生能够明确学习目标,了解学习内容的实际应用场景,激发学习兴趣和动力;通过任务的驱动,学生能够主动思考、积极实践,提高分析和解决问题的能力。

(3)注重理论与实践的有机结合,力求使内容既具有系统性、完整性,又具有实用性和可操作性;同时考虑了学生的学习特点和需求,使用生动的案例、丰富的图表,使内容更加直观易懂,易于掌握。

(4)采用活页式设计,方便教师和学生随时添加、删除或更新相关内容,以适应不断变化的市场需求和技术发展。同时,我们也鼓励学生在学习过程中积极提出意见和建议,以便我们不断完善教材内容,提高教材质量。

本书分为 5 个项目,每个项目又分成若干任务,总共有 12 个任务。项目 1 为三相异步电动机直接起动控制电路设计、安装与调试,项目 2 为三相异步电动机降压起动控制电路设计、安装与调试,项目 3 为三相异步电动机制动控制电路设计、安装与调试,项目 4 为三相异步电动机调速控制电路设计、安装与调试,项目 5 为典型机床控制电路的检修。

参与本书编写工作的有宁夏工商职业技术大学的韩四满、张晋和王玉红老师。其中项目 1、2、3 由韩四满编写,项目 4 由张晋编写,项目 5 由王玉红编写。全书由主编韩四满负责统稿。

本书配有电子课件、教案、题库等课程资源,需要的教师可以联系作者(QQ:271612243)或出版社索取。

编写本书时,编者查阅和参考了众多文献资料,从中得到了许多教益和启发,在此向相关作者致以诚挚的谢意。由于时间仓促、水平有限,书中疏漏和不妥之处在所难免,恳请广大读者批评指正。

编 者
2025 年 1 月

项目 1
三相异步电动机直接起动控制电路设计、安装与调试

1

　　日常生活中各种各样的家用电器为人们创造了便利和舒适的生活,工业生产中各种各样的生产机械减轻了操作者的劳动强度,提高了生产效率,带来了经济效益。电风扇、洗衣机等家用电器的运转,工业生产中使用的车床、钻床、起重机等各种生产机械的运转都是通过电动机驱动的。显然,不同的家用电器和不同的生产机械,其工作性质和加工工艺不同,使得它们对电动机的控制要求不同。要使电动机按照人们的要求正常地运转,就要用相应的控制电路来控制它。

　　三相异步电动机是生产实践中应用最广泛的一种电动机,按其转子绕组形式不同可分为笼型和绕线型两种。其中三相笼型异步电动机的直接起动控制电路有单向点动控制电路、单向连续运转控制电路、正反转控制电路、自动往返控制电路、顺序控制电路等。本项目将在学习了低压电器的基础上学习不同的三相异步电动机直接起动控制电路的工作原理、安装及调试。

学习目标

知识目标

(1)了解三相笼型异步电动机基本控制电路的工作原理。

(2)掌握本项目所用低压电器的结构、工作原理,熟悉图形符号、文字符号。

(3)能识别本项目所用低压电器,并能正确地安装与使用。

(4)掌握三相笼型异步电动机基本控制电路的原理图、安装图的绘制方法。

能力目标

(1)能独立完成三相笼型异步电动机基本控制电路的安装与调试。

(2)能排除三相笼型异步电动机电气控制电路的一般故障。

(3)掌握板前布线和线槽布线的工艺要求。

素质目标

(1)通过由简单到复杂的多个学习任务,逐步培养学生线路安装与调试的基本能力。

(2)通过反复的识图训练,提高学生识读电气原理图的能力。

(3)激发学生的学习兴趣和探索精神,使其掌握正确的学习方法。

(4)在实践中,培养学生的安全操作意识,以及做好本职工作的职业精神。

(5)培养学生的团队合作精神,使其形成优良的协作能力和动手能力。

安全规范

(1)实训室内必须着工装,严禁穿凉鞋、背心、短裤、裙装进入实训室。

(2)使用绝缘工具,并认真检查工具绝缘性能是否良好。

(3)停电作业时,必须先验电,确认无误后方可工作。

(4)带电作业时,必须在教师的监护下进行。

(5)树立安全和文明生产意识。

◀ 任务1 三相异步电动机单向手动控制电路的安装与检修 ▶

➤ 工作任务

图 1-1 所示是工厂车工用来磨车刀的砂轮机。使用砂轮机时,向上扳动低压断路器的开关,砂轮转动;用完砂轮机,向下扳动低压断路器的开关,砂轮停转。当线路出现短路故障时,低压断路器会自动跳闸断开电路,起到保护作用。

图 1-1 砂轮机

➤ 任务目标

(1)掌握低压开关和熔断器的结构、工作原理,会正确选用。
(2)能正确识读电动机单向起动手动控制电路原理图,并根据原理图进行安装接线。
(3)能够进行电动机单向起动手动控制电路的检查与调试,排除常见电气故障。

➤ 引导问题

(1)什么是低压电器? 说出你见过的几种低压电器。
(2)低压电器在电路中起什么作用? 如何分类?
(3)查阅资料,阐述刀开关如何安装。
(4)起动电动机时断路器立即分断,可能的故障原因有哪些?
(5)低压熔断器由哪几部分组成? 各部分的作用是什么?
(6)低压熔断器在电路中起什么作用?

➤ 基础知识

一、低压电器的相关知识

电器在实际电路中的工作电压有高低之分,工作于不同电压下的电器可分为高压电器和低压电器两大类。凡工作在交流电压 1200 V 及以下,或直流电压 1500 V 及以下电路中的电器均被称为低压电器。

低压电器种类繁多,分类方法有很多种。

1. 按动作方式分类

1)手动控制电器

依靠外力(如人工)直接操作来进行切换的电器称为手动控制电器,如刀开关、按钮等。

2)自动控制电器

依靠指令或物理量(如电流、电压、时间、速度等)变化而自动动作的电器称为自动控制电器,如接触器、继电器等。

2. 按用途分类

1)低压控制电器

低压控制电器主要在低压配电系统及动力设备中起控制作用,控制电路的接通、分断以及电动机的各种运行状态,如刀开关、接触器、按钮等。

2)低压保护电器

低压保护电器主要在低压配电系统及动力设备中起保护作用,保护电源、电路或电动机,使它们不至于在短路状态和过载状态下工作,如熔断器、热继电器等。

有些电器既有控制作用,又有保护作用,如行程开关既可控制行程,又能作为极限位置的保护元件;断路器既能控制电路的通断,又能起短路保护、过载保护、欠电压保护等作用。

3. 按低压电器有无触头的结构特点分类

低压电器可分为有触头电器和无触头电器。目前有触头电器仍占多数,随着电子技术的发展,无触头电器的应用会日趋广泛。

二、低压开关

1. 刀开关的认识

日常生活中所说的闸刀就是刀开关(文字符号为 QK),又称负荷开关,属于手动控制电器,是一种结构最简单且应用最广泛的低压电器。它不仅可以作为电源的引入开关,也可用于小功率的三相异步电动机不频繁地起动或停止的控制。

1)刀开关的结构

刀开关又有开启式负荷开关和封闭式负荷开关之分。图 1-2 所示为生产中常用的 HK 系列开启式负荷开关,又称瓷底胶盖刀开关,简称刀开关,主要由进线座、静触头、动触头、熔丝、出线座、胶盖等构成。图 1-3 为 HK 系列开启式负荷开关结构示意图。图 1-4 所示为 HK 系列开启式负荷开关的符号,负荷开关的文字符号为 QK。

图 1-2 HK 系列开启式负荷开关外形图

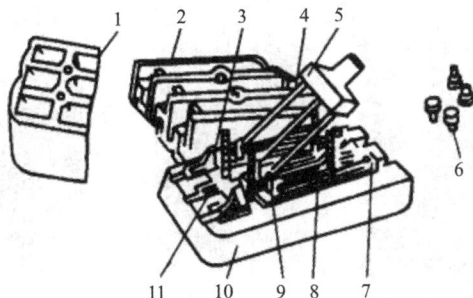

图 1-3 HK 系列开启式负荷开关的结构示意图

1—上胶盖；2—下胶盖；3—插座；4—触刀；5—瓷柄；6—胶盖紧固螺母；

7—出线座；8—熔丝；9—触刀座；10—瓷底板；11—进线座

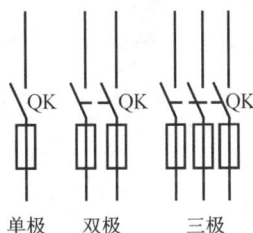

图 1-4 开启式负荷开关的符号

它结构简单，价格便宜，须手动操作，适用于交流 50 Hz、额定电压单相 220 V 或三相 380 V、额定电流 10～100 A 的照明/电热设备及小容量电动机等不需要频繁接通和分断电路的控制电路，并起短路保护作用。

2）刀开关的使用注意事项

刀开关必须垂直安装在控制屏或开关板上，严禁横装或倒装；刀开关处于接通状态时手柄应朝上；接线时电源端在上，负载端在下，否则在更换熔丝时会发生触电事故；用于控制电动机时，电动机功率应不大于 5.5 kW，且应将开关的熔丝部分用铜导线连接起来，并加装熔断器作短路保护；拉合开关时，必须盖好胶盖，操作人员应站在开关侧面，动作迅速、准确，以免造成人员灼伤和开关烧毁。

3）刀开关的选用

用于照明线路时，刀开关的额定电压选 250 V（如果是三相四线供电照明线路，额定电压应选 380 V），额定电流应等于或大于线路最大工作电流；用于电动机直接起动控制时，刀开关的额定电压应选 380 V 或 500 V，额定电流应等于或大于电动机额定电流的 3 倍。

2. 低压断路器的认识

1）低压断路器的作用

低压断路器又称自动空气开关或自动空气断路器，简称断路器，文字符号为 QF。它集控制和多种保护功能于一体，在线路正常工作时，它作为电源开关接通和分断电路；当电路发生短路、过载和失压等故障时，它能自动跳闸，切断故障电路，从而保护线路和电气设备。

低压断路器具有操作安全、安装使用方便、工作可靠、动作值可调、分断能力较强、保护功能多、动作后不需要更换元件等优点，因此得到广泛的应用。图 1-5 为常见的几种低压断路器。

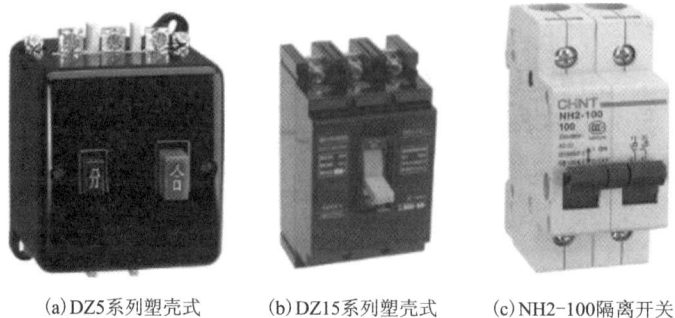

(a)DZ5系列塑壳式　　(b)DZ15系列塑壳式　　(c)NH2-100隔离开关

图 1-5　低压断路器

2)低压断路器的结构

DZ 5 系列低压断路器的结构和符号如图 1-6、图 1-7 所示。低压断路器由触头系统、灭弧装置操作机构、热脱扣器、电磁脱扣器及绝缘外壳等部分组成。

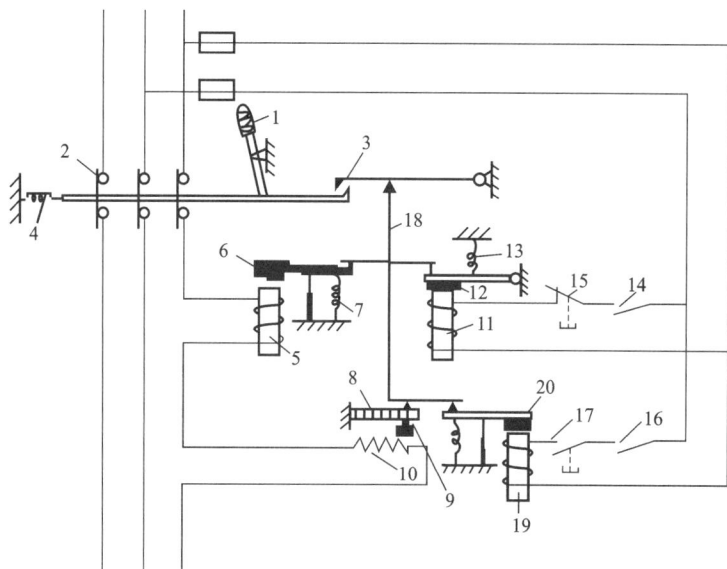

图 1-6　DZ 5 系列低压断路器的结构

1—操作手柄;2—主触头;3—自由脱扣电磁铁;4—分闸弹簧;5—过流脱扣电磁铁;6—过流脱扣衔铁;7—反作用弹簧;8—热脱扣器双金属片;9—热脱扣器电流整定螺钉;10—加热元件;11—失压脱扣电磁铁;12—失压脱扣器衔铁;13—反作用弹簧;14、16—断路器辅助触头;15、17—分闸按钮;18—传递元件;19—分闸脱扣电磁铁;20—分闸脱扣器衔铁

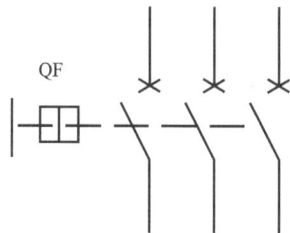

图 1-7　DZ 5 系列低压断路器的符号

DZ 5 系列低压断路器有三对主触头、一对辅助常开触头和一对辅助常闭触头。使用时三对主触头串联在被控制的三相电路中,用以接通和分断主回路,按下绿色"合"按钮时接通电路,按下红色"分"按钮时切断电路。当电路出现短路、过载等故障时,断路器会自动跳闸,切断电路。

3)低压断路器的作用

断路器的热脱扣器用于过载保护,其整定电流的大小由电流调节装置调节。

电磁脱扣器用于短路保护,瞬时脱扣整定电流的大小由电流调节装置调节。出厂时,电磁脱扣器的瞬时脱扣整定电流一般整定为 $10\,I_N(I_N$ 为断路器的额定电流)。

欠压脱扣器用于零压和欠压保护。具有欠压脱扣器的断路器,在欠压脱扣器两端无电压或电压过低时不能接通电路。

4)低压断路器使用注意事项

断路器应垂直安装在开关板上,电源接线端朝上,负载接线端朝下;断路器各脱扣器动作整定值一经整定,不允许随意变动;断路器用作电源总开关或电动机的控制开关时,在电源进线侧必须加装刀开关或熔断器等,作为明显断开点。

注意:电气元件中带有色标的螺钉,表示相应元件已经整定好,不得改变。

5)低压断路器选用

断路器额定电压和额定电流不小于线路的正常工作电压和计算负载电流;热脱扣器的整定电流应等于所控制负载的额定电流;电磁脱扣器的瞬时脱扣整定电流应大于负载正常工作时可能出现的峰值电流。用于控制电动机的断路器,其瞬时脱扣电流整定值取 $I_z \geqslant KI_{st}$。其中,K 为安全系数,取 $1.5\sim1.7$;I_{st} 为电动机的起动电流。欠压脱扣器的额定电压应等于线路额定电压。

3. 组合开关的认识

1)组合开关的结构

图 1-8 所示为 HZ 系列组合开关。组合开关又称转换开关,文字符号为 QS,在电气控制电路中,常被作为电源引入的开关,可以直接起动/停止小功率电动机或使电动机正反转等,也可以用于控制局部照明电路。

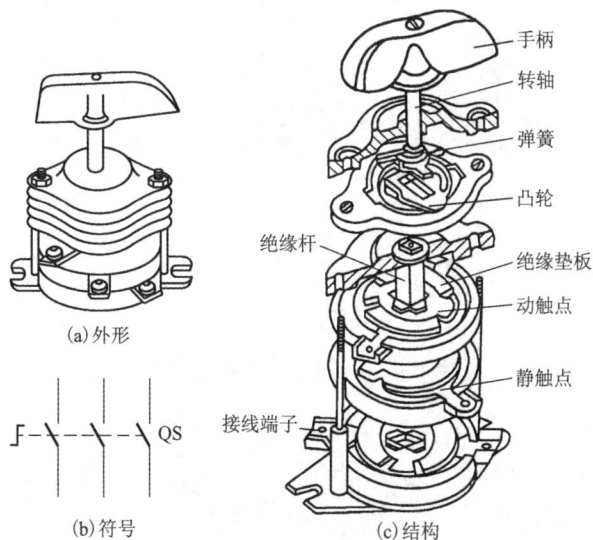

(a)外形

(b)符号

(c)结构

图 1-8 HZ 系列组合开关

组合开关有单极、双极、三极、四极几种类型,额定持续电流有 10 A、25 A、60 A、100 A 等多种。组合开关可使控制回路或测量回路线路简化,可在一定程度上避免操作上的失误和差错。

组合开关由同一转轴上的多个单极旋转开关叠装在一起组成,主要包括动触点(动触片)、静触点(静触片)、转轴、手柄、定位机构及外壳等部分。其动触点、静触点分别叠装于数层绝缘垫板之间,各自附有连接线路的接线柱。当转动手柄时,每层的动触点随方形转轴一起转动,从而实现对电路的接通、断开控制。

在组合开关的内部有 3 对触点,分别用 3 层绝缘垫板相隔,3 个动触点互相绝缘,与各自的静触点对应,套在共同的绝缘杆上,绝缘杆的一端装有操作手柄,手柄每次转动 90°,即可完成 3 对触点之间的开合或切换。组合开关内装有速断弹簧,用以加速开关的分断。

2)组合开关使用注意事项

组合开关安装在控制箱内,在断开状态时应使手柄处在水平旋转位置;外壳必须可靠保护接地,防止意外漏电而造成触电事故;接线时,电源端接进线座,负载接熔断器一边的接线端子;用于控制电动机时,电动机额定电流应不大于 100 A。组合开关分断能力较低,不能分断故障电流,并且操作次数不能超过 15~20 次/h。

3)组合开关的选用

组合开关应根据电压等级、触头数、接线方式、负载容量进行选用。它用于电动机直接起动时,额定电流一般为电动机额定电流的 1.5~2.5 倍。

三、低压熔断器

低压熔断器的作用是在线路中作短路保护,通常简称为熔断器,文字符号为 FU。短路是由电气设备或导线的绝缘损坏而导致的一种电气故障。熔断器应串联在被保护的电路中。正常情况下,熔断器的熔体相当于一段导线,当电路发生短路故障时,熔体迅速熔断而分断电路,从而起保护线路和电气设备的作用。熔断器的结构简单,价格低,使用维护方便,因而得到广泛应用。图 1-9(a)所示为 RT18 系列低压熔断器的外形,图 1-9(b)所示为低压熔断器在电路图中的符号。

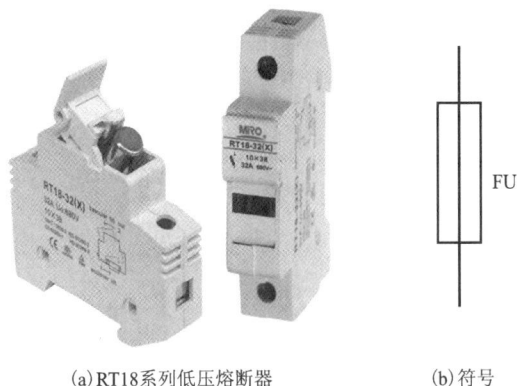

(a)RT18系列低压熔断器　　　　(b)符号

图 1-9　低压熔断器外形及符号

1. 熔断器的结构

熔断器主要由熔体、安装熔体的熔管和熔座三部分组成。熔体是熔断器的核心,常制成丝状、片状或栅状,制作熔体的材料一般有铅锡合金、锌、银等,根据受保护电路的要求而定。熔管是熔体的保护外壳,用耐热绝缘材料制成,在熔体熔断时兼有灭弧作用。熔座是熔断器的底座,用于固定熔管和外接引线。

2. 熔断器的主要技术参数

额定电压:指熔断器长期工作所能承受的电压。如果熔断器的实际工作电压大于其额定电压,熔体熔断时可能发生电弧不能熄灭的危险。

额定电流:指能保证熔断器长期正常工作的电流。它由熔断器各部分长期工作时允许的温升决定。

分断能力:指在规定的使用条件和性能条件及电压下,熔断器能分断的预期分断电流值,常用极限分断电流值来表示。

时间-电流特性:也称为安-秒特性或保护特性,指在规定的条件下,流过熔体的电流与熔体熔断时间的关系曲线,如图 1-10 所示。可以看出,熔断器的熔断时间随电流的增大而缩短,具有反时限特性。

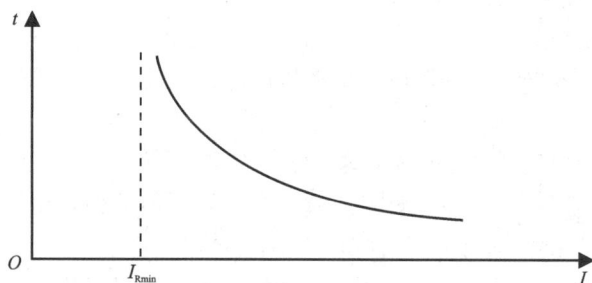

图 1-10 熔断器安-秒特性曲线

熔体在额定电流 I_N 下不应熔断,所以最小熔化电流 I_{Rmin} 必须大于额定电流 I_N。一般熔断器的熔断电流 I_S 与熔断时间 t 的关系见表 1-1。

表 1-1 熔断器的熔断电流与熔断时间的关系

熔断电流 I_S/A	$1.25I_N$	$1.6I_N$	$2.0I_N$	$2.5I_N$	$3.0I_N$	$4.0I_N$	$8.0I_N$	$10.0I_N$
熔断时间 t/s	$+\infty$	3600	40	8	4.5	2.5	1	0.4

由表 1-1 可以看出,熔断器对过载的反应是很不灵敏的,当电气设备发生轻度过载时,熔断器将持续很长时间才能熔断,有时甚至不熔断。因此除照明和电加热电路外,熔断器一般不宜用作过载保护电器,主要用作短路保护电器。

3. 熔断器的选择

熔断器有不同的类型。对熔断器的要求是:在电气设备正常运行时,熔断器应不熔断;在出现短路故障时,熔断器应立即熔断;在电流发生正常变动时(如电动机起动时),熔断器应不熔断;在用电设备持续过载时,熔断器应延时熔断。

对熔断器的选用主要包括类型、熔断器的额定电压、熔断器的额定电流和熔体额定电流的选用。

熔断器类型的选用:根据使用环境、负载性质和短路电流的大小选用适当类型的熔断器。例如,对于容量较小的照明电路,可选用 RT 系列圆筒帽形熔断器或 RC1A 系列瓷插式熔断器;对于短路电流相当大的电路或有易燃气体的环境,应选用 RL0 系列有填料封闭管式熔断器;在机床控制电路中,多用 RL 系列螺旋式熔断器;在半导体功率元件即晶闸管的保护中,应选用 RS 或 RLS 系列熔断器。

熔断器的额定电压和额定电流的选用:熔断器额定电压必须大于或等于线路的额定电压;熔断器的额定电流必须大于或等于所装熔体的额定电流;熔断器的分断能力应大于电路中可能出现的最大短路电流。

熔体额定电流的选用:在照明和电加热等电流较平稳、无冲击电流的短路保护中,熔体的额定电流应等于或稍大于负载的额定电流。对于一台不经常起动且起动时间不长的电动机的短路保护,熔体的额定电流应大于或等于 1.5～2.5 倍电动机的额定电流。

对于多台电动机的短路保护,熔体的额定电流应大于或等于其中容量最大的电动机额定电流的 1.5～2.5 倍与其余电动机额定电流的总和。

【例 1-1】 某机床电动机的型号为 Y112M-4,额定功率为 4 kW,额定电压为 380 V,额定电流为 8.8 A,该电动机正常工作时不需要频繁起动。如用熔断器为该电动机提供短路保护,试确定熔断器的型号规格。

【解】 ①选择熔断器的类型。该电动机在机床电路中使用,所以熔断器可选用 RL1 系列螺旋式熔断器。

②选择熔体的额定电流。由于保护的电动机不需要经常起动,所以熔体的额定电流取为 $I_{RN} = (1.5～2.5) \times 8.8\,A = 13.2～22.0\,A$。查表得熔体的额定电流 $I_{RN} = 20\,A$ 或 15 A,但选取时常常留有一定余量,故选取 $I_{RN} = 20\,A$。

③选择熔断器的额定电流和额定电压。查表,可选 RL1-60/20 型熔断器,其额定电流为 60 A,额定电压为 500 V。

4. 熔断器的常见故障及处理方法

熔断器的常见故障及处理方法见表 1-2。

表 1-2 熔断器的常见故障及处理方法

故障现象	可能原因	处理方法
电源接通瞬间,熔体熔断	熔体额定电流过小	更换熔体
	负载侧短路或接通	排除负载故障
	熔体安装时受到机械损伤	更换熔体
熔体未熔断,但电路不通	熔体或接线座接触不良	重新连接

四、三相异步电动机

现代各种生产机械都广泛采用电动机来驱动。电动机按接入电源种类的不同可分为交流电动机和直流电动机。交流电动机又分为异步电动机和同步电动机两种,其中,异步电动机具有结构简单、工作可靠、价格低廉、维护方便及效率较高等优点,缺点是功率因数较低,调速性能不如直流电动机。三相异步电动机是所有电动机中应用最为广泛的一种。一般的机床、起重机、传送带、鼓风机、水泵及各种农副产品的加工设备等都普遍采用三相异步电动机;各种家用电器、医疗器械和许多小型机械则采用单相异步电动机;在一些有特殊要求的场合,则使用特种异步电动机。

1. 三相异步电动机的结构

三相异步电动机由两个基本部分组成:一是固定不动的部分,称为定子;二是旋转部分,称为转子。图 1-11 为一台三相异步电动机的结构示意图。

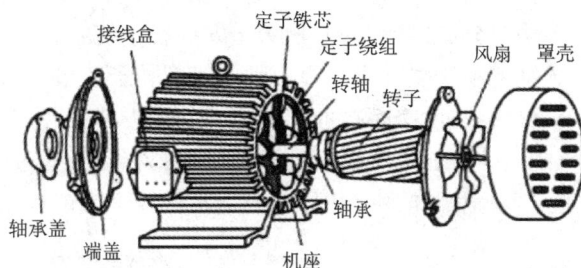

图 1-11 三相异步电动机结构示意图

1)定子

定子由机座、定子铁芯、定子绕组和端盖等组成。

定子绕组是定子的电路部分,中小型电动机的定子绕组一般采用漆包线绕制而成,共分三组,分布在定子铁芯槽内。它们在定子内圆周空间的排列是彼此相隔120°,构成对称的三相绕组。三相绕组共有六个出线端,通常接在置于电动机外壳上的接线盒中。三相绕组的首端分别用 U_1、V_1、W_1 表示,对应的末端分别用 U_2、V_2、W_2 表示。三相定子绕组可以连接成星形或三角形,如图 1-12 所示。

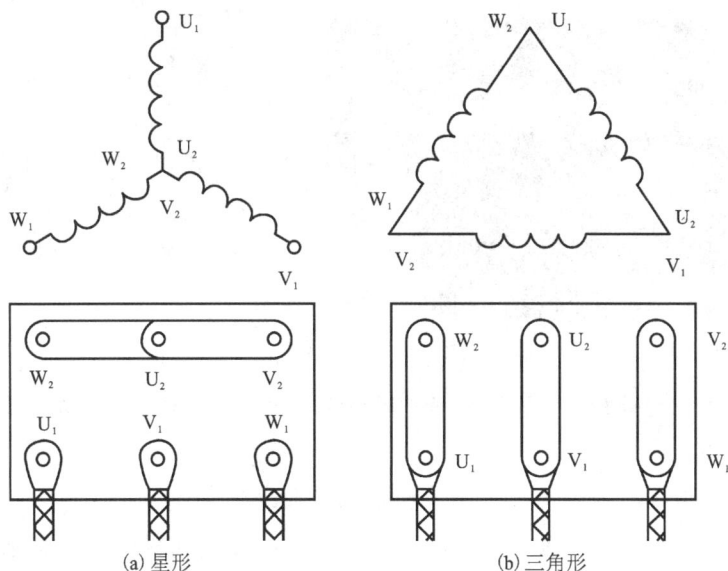

(a) 星形   (b) 三角形

图 1-12 三相异步电动机定子绕组的接法

三相绕组接成星形还是三角形,和普通三相负载一样,须视电源的线电压而定。如果电动机所接电源的线电压等于电动机每相绕组的额定电压,那么三相绕组就应该接成三角形。通常,电动机的铭牌上标有符号 Y/△(星形/三角形)和数字 380/220,前者表示定子绕组的连接方式,后者表示对应于不同连接方式的线电压值。

2）转子

转子由转子铁芯、转子绕组、转轴和风扇等组成。

转子铁芯为圆柱形，通常由制作定子铁芯冲片剩下的内圆硅钢片叠成，压装在转轴上。转子铁芯与定子铁芯之间有微小的气隙，转子铁芯、定子铁芯和气隙共同组成了电动机的磁路。转子铁芯外圆周上有许多均匀分布的槽，这些槽用于安放转子绕组。

转子绕组有笼型转子绕组和绕线转子绕组两种。笼型转子绕组是由嵌在转子铁芯槽内的若干铜条组成的，两端分别焊接在两个短接的端环上。如果去掉铁芯，转子绕组的外形就像一个笼子，故称为笼型转子绕组。目前中小型笼型电动机大都在转子铁芯槽中浇注铝液，铸成笼型绕组，并在端环上铸出许多叶片，作为冷却的风扇。笼型转子的结构如图 1-13 所示。

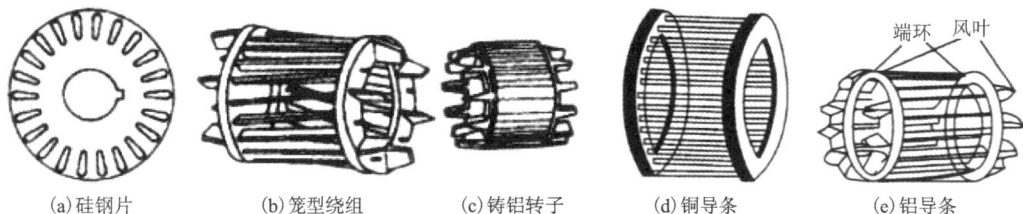

(a)硅钢片　　(b)笼型绕组　　(c)铸铝转子　　(d)铜导条　　(e)铝导条

图 1-13　笼型转子的结构

绕线转子绕组与定子绕组相似，在转子铁芯槽内嵌放对称的三相绕组，作星形连接。三相绕组的三个尾端连接在一起，三个首端分别接到装在转轴上的三个铜制集电环上，通过电刷与外电路的可变电阻器相连接，用于起动或调速，如图 1-14 所示。

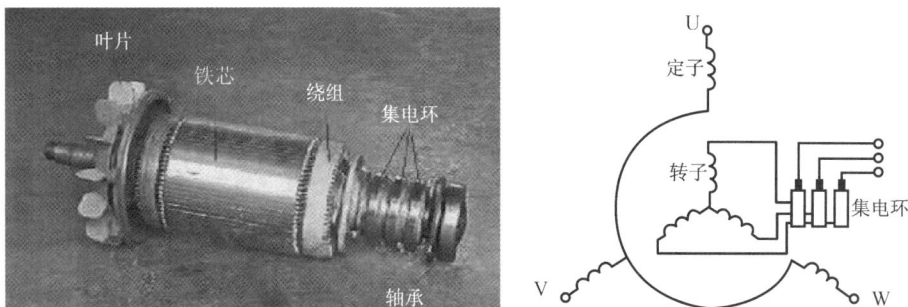

图 1-14　绕线转子

绕线转子异步电动机的结构较复杂，价格较高，一般只用于对起动和调速有较高要求的场合，如立式车床、起重机等。

2. 三相异步电动机的工作原理

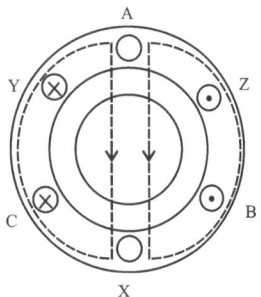

图 1-15　三相异步电动机的工作原理

如图 1-15 所示，当三相异步电动机的定子绕组接通三相电源后，绕组中便有三相交变电流通过，并在空间产生一旋转磁场。设旋转磁场沿顺时针方向旋转，则静止的转子同旋转磁场间就有了相对运动，转子导线因切割磁力线而产生感应电动势，由于旋转磁场沿顺时针方向旋转，即相当于转子导线沿逆时针方向切割磁力线。根据右手定则，转子上半部导线的感应电动势方向是由纸面向外的，下半部的感应电动势方向是由纸面向内的。由于所有转子导线的两端分别被两个铜环连在一起，构成了闭合回路，故在此电动势的作用下,转子导体内就产生了感应电流,此电流又与旋转磁场相互作用而产生电磁力,电磁力的方向可由左手定则来确定。这些电磁力对转轴形成一电磁转矩,驱动电动机旋转,其作用方向同旋转磁场的旋转方向一致,因此,转子就顺着旋转磁场的旋转方向转动起来了。若使旋转磁场反转,则转子的旋转方向也随之改变。

不难看出,转子的转速 n_2 永远小于旋转磁场的转速(即同步转速)n_1。这是因为,如果转子的转速达到同步转速,则它与旋转磁场之间就不存在相对运动,转子导线将不再切割磁力线,因而其感应电动势、感应电流和电磁转矩均为零。由此可见,转子总是紧跟着旋转磁场以 $n_2 < n_1$ 的转速旋转的,因此,这种交流电动机称为异步电动机。因为这种电动机的转子电流是由电磁感应产生的,所以又称为感应电动机。

当电动机定子绕组一相断线或电源一相断电时,通电后电动机可能不能起动;若空载能起动,则其转速慢慢上升,会伴有"嗡嗡"声,时间长了电动机会冒烟发热,并伴有烧焦的气味。

当电动机定子绕组两相断线或电源两相断电时,通电后电动机不能起动,但无异响,也无异味和冒烟。

3. 铭牌数据的识读

三相异步电动机的机座上都有一块铭牌,如图 1-16 所示,上面标有电动机的型号和相关技术数据。要正确使用电动机,就必须看懂铭牌。现以 Y112M-6 型三相异步电动机为例来说明铭牌上各个数据的含义(见表 1-3)。

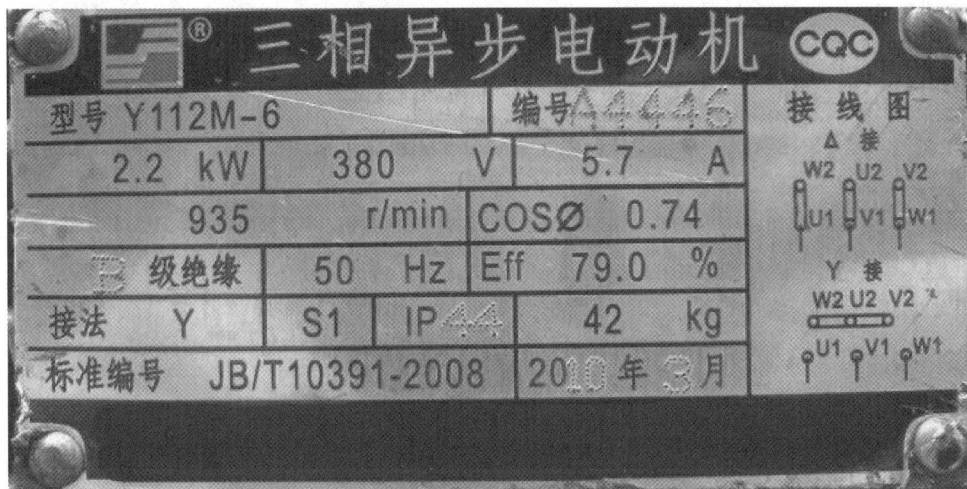

注:图中"COSØ"即功率因数 $\cos\varphi$。

图 1-16　三相异步电动机铭牌

表 1-3　Y112M-6 型三相异步电动机的铭牌

项目	说明	项目	说明	项目	说明
型号	Y112M-6 型	额定功率/kW	2.2	额定电压/V	380
额定电流/A	5.7	额定频率/Hz	50	额定转速/(r/min)	935
接法	Y	工作方式	连续(S1)	外壳防护等级	IP44

项目	说明	项目	说明	项目	说明
功率因数	0.74	温升/℃	90	绝缘等级	B 级
产品编号	××××××	重量/kg	42	出厂日期	×年×月
×××电机厂					

(1)型号。型号是电动机类型、规格的代号。国产异步电动机的型号由汉语拼音字母以及国际通用符号和阿拉伯数字组成。如 Y112M-6 中:Y 表示三相笼型异步电动机,112 表示机座中心高 112 mm,M 表示机座长度代号(S 为短机座,M 为中机座,L 为长机座),6 表示磁极数(磁极对数 $p=3$)。

(2)接法。接法是指电动机在额定电压下,三相定子绕组的连接方式有 Y 或 △ 两种。一般功率在 4 kW 以下的电动机采用"Y"连接,功率在 4 kW 及以上的电动机采用"△"连接。

(3)额定频率 f_N(Hz)。额定频率是指电动机定子绕组所加交流电源的频率,我国工业用交流电源的标准频率为 50 Hz。

(4)额定电压 U(V)。额定电压是指电动机在正常运行时加到定子绕组上的线电压。

(5)额定电流 I_N(A)。额定电流是指电动机在正常运行时,定子绕组的线电流。

(6)额定功率 P_N(kW)。额定功率也称额定容量,是指在额定电压、额定频率和额定负载条件下运行时,电动机轴上输出的机械功率。

(7)额定转速 n_N(r/min)。额定转速是指在额定频率、额定电压和额定功率条件下,电动机每分钟的转数。

(8)温升和绝缘等级。电动机运行时,其温度高出工作环境温度的允许值即为温升。例如:工作环境温度为 40 ℃、温升为 65 ℃ 的电动机的最高允许温度为 105 ℃。

绝缘等级是指电动机定子绕组所用绝缘材料允许的最高温度等级,有 A、E、B、F、H、C 六级。目前,一般电动机采用较多的是 E 级和 B 级。

温升与电动机所采用的绝缘材料的绝缘等级有关。常见的绝缘等级和最高允许温度之间的关系见表 1-4。

表 1-4　绝缘等级和最高允许温度之间的关系

绝缘等级	A	E	B	F	H	C
最高允许温度/℃	105	120	130	155	180	>180

(9)功率因数($\cos\varphi$)。三相异步电动机的功率因数较低,在额定运行时为 0.7～0.9,空载时只有 0.2～0.3。因此,必须正确选择电动机的容量,防止"大马拉小车",并力求缩短空载运行时间。

(10)工作方式。异步电动机常用的工作方式有连续、短时和断续三种。

①连续工作方式。用代号 S1 表示,可按铭牌上规定的额定功率长期连续工作,而最高温度不会超过允许值。

②短时工作方式。用代号 S2 表示,每次只允许在规定时间内按额定功率运行,如果运行时间超过规定时间,则电动机会过热而损坏。

③断续工作方式。用代号 S3 表示,电动机以间歇方式运行。如起重机械的拖动多为此种方式。

4. 电路符号

三相异步电动机的电路符号如图 1-17 所示。

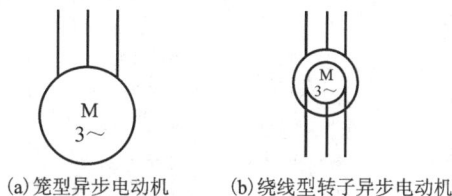

(a)笼型异步电动机   (b)绕线型转子异步电动机

图 1-17 三相异步电动机的电路符号

五、三相异步电动机单向手动控制电路安装与调试

三相异步电动机单向手动控制电路只能控制电动机单向起动和停止,并带动生产机械的运动部件朝一个方向旋转或运动,是通过低压开关来控制电动机单向起动和停止的,在工厂中常被用来控制三相电风扇和砂轮机等设备。图 1-18 所示为单向手动控制电路,从图(a)可以看出砂轮机控制电路是由三相电源 L1、L2、L3,熔断器 FU,低压断路器 QF 和三相交流异步电动机 M 构成的。低压断路器集控制、保护于一体,电流从三相电源经熔断器、低压断路器流入电动机,电动机则带动砂轮机运转。图(b)、(c)、(d)分别是使用不带熔断器的转换开关 QS、带熔断器的转换开关 QS、转换开关 QS 设计的单向手动控制电路。

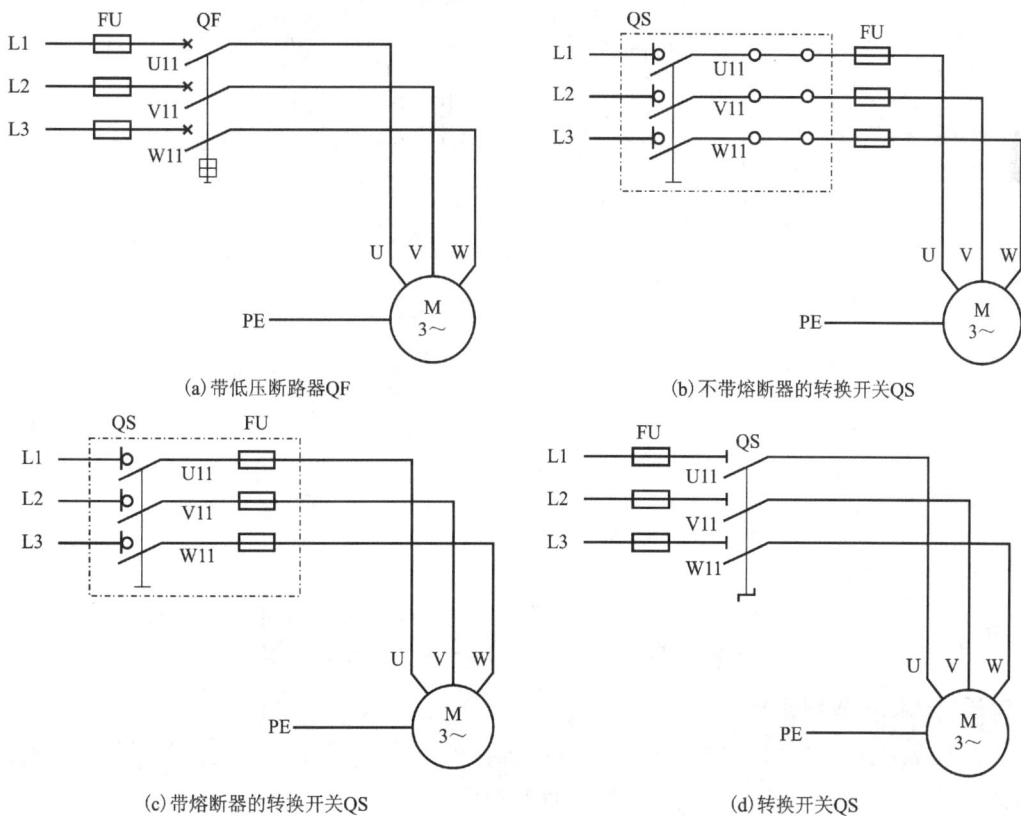

(a)带低压断路器QF   (b)不带熔断器的转换开关QS

(c)带熔断器的转换开关QS   (d)转换开关QS

图 1-18 单向手动控制电路

1. 识读电路图

单向手动控制电路的识读过程见表1-5。

表1-5 单向手动控制电路图的识读过程

过程序号	识读任务	电路组成	元器件名称	功能
1	读主电路	QF	空气开关	引入三相电源、过载保护、失压欠压保护
2		FU	熔断器	主电路短路保护
3		M	三相异步电动机	被控对象

2. 识读电路的工作过程

单向手动控制电路通过空气开关(QF)直接控制电动机的起动与停止。闭合QF,电动机得电运转;断开QF,电动机断电停止。

3. 电路安装接线

电气元件布置图表明电气设备及元器件的安装位置,电气安装接线图则是把同一个电器的各个部件画在一起,而且各个部件的布置要尽可能符合这个电器的实际情况,但对尺寸和比例没有严格要求。各电气元件的图形符号、文字符号和电路标记均应以电气原理图为准,并保持一致,以便查对。图1-19所示为对应于图1-18(a)所示电气原理图的电气安装接线图。

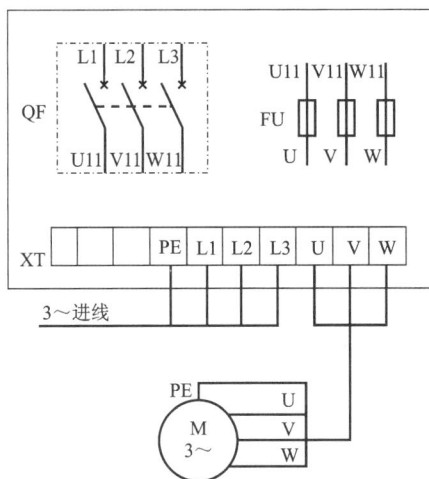

图1-19 单向手动控制电路的电气安装接线图

4. 电路断电检查

使用万用表的欧姆挡,将量程选为"×100"或"×1k";L1、L2、L3先不通电,闭合QF,分别测量L1-U、L2-V、L3-W三个电阻值,若显示阻值为0,则表明电路连接正确。

5. 通电调试和故障排除

在电路安装完成并经检查确定电路连接正确后,将L1、L2、L3接通三相电源。闭合QF,电动机应立即通电运行;断开QF,电动机应断电停止。

操作过程中,如果出现不正常现象,应立即断开电源,分析故障原因,用万用表仔细检查电路。在指导教师认可的情况下才能再次通电调试。

➤ 任务实施

一、准备材料

常用电工工具、万用表、电气安装板、导线、空气开关、螺旋式熔断器及三相异步电动机。

二、安装接线和试验

(1)根据电动机容量选择刀开关和熔断器的规格(电压、电流)。

(2)用万用表检测所选电气元件的好坏。

(3)在电气安装板上安装电气元件,安装接线应牢固,并符合工艺要求。

(4)将三相电源接入刀开关。

(5)经教师检验合格后通电试验。

三、注意事项

(1)电动机使用的电源电压和绕组的接法必须与铭牌规定的相符。

(2)通电试验时,观察是否有异常情况。若发现异常情况,应立即断电检查。

➤ 技能训练

一、常用低压开关电器的拆装与检测

1. 实训目标

(1)能正确拆装开启式负荷开关,并检测其好坏。

(2)能正确拆装常用低压断路器,并检测其好坏。

(3)能正确拆装组合开关,并检测其好坏。

2. 实训内容

对以上几种常见开关的拆装与检测。

3. 实训工具、仪表和器材

(1)工具:常用电工工具一套(螺钉旋具、镊子、钢丝钳、尖嘴钳等)。

(2)仪表:万用表、绝缘电阻表。

(3)器材:开启式负荷开关、低压断路器、组合开关等,根据实际情况准备。

4. 实训步骤

1)开启式负荷开关的拆装与检测

(1)开启式负荷开关的拆装。

拆下开启式负荷开关的胶盖,将其内部主要零部件的名称和作用记入表 1-6。闭合开关,用万用表电阻挡测量各对触点之间的接触电阻,用绝缘电阻表测量每两相触点之间的绝缘电阻,将测量结果一并记入表 1-6。

表 1-6　开启式负荷开关的基本结构与测量记录

型号		极数	主要零部件	
			名称	作用
触点接触电阻				
L1 相	L2 相	L3 相		
相间绝缘电阻				
L1—L2	L2—L3	L3—L1		

（2）开启式负荷开关的检测。

首先打开下胶盖盒,检查各相熔体是否完好,固定螺钉是否牢固。而后将开关手柄闭合,用万用表电阻挡测试各组触点是否全部接通,若不是,则说明开关已坏。开关手柄闭合,各触点应全部接通;开关手柄打开,各触点应全部断开。外观检测:各刀片与对应夹座是否直接接触;有无歪扭;各刀片与夹座开合有无不同步的现象;夹座对刀片的接触压力是否足够。

2)低压断路器的拆装与检测

（1）低压断路器的拆装。

拆卸和组装一只低压断路器,将其主要零部件的名称和作用记入表 1-7。闭合开关,用万用表电阻挡测量各对触点之间的接触电阻,用绝缘电阻表测量每两相触点之间的绝缘电阻。将各相触点间的接触电阻、绝缘电阻记入表 1-7。

表 1-7　低压断路器的基本结构与测量记录

型号		极数	主要零部件	
			名称	作用
触点接触电阻				
L1 相	L2 相	L3 相		
相间绝缘电阻				
L1—L2	L2—L3	L3—L1		

（2）低压断路器的检测。

功能检测:将低压断路器闭合,用万用表电阻挡测试各组触点是否全部接通,若不是,则说明开关已坏。低压断路器闭合,各触点应全部接通;低压断路器打开,各触点应全部断开。

外观检测:接线螺钉应齐全;操作机构应灵活无阻滞,动、静触点的分合迅速,松紧一致。

3)组合开关的拆装与检测

(1)组合开关的拆装。

拆卸和组装一只组合开关,将其主要零部件的名称和作用记入表1-8。闭合开关,用万用表电阻挡测量各对触点之间的接触电阻,用绝缘电阻表测量每两相触点之间的绝缘电阻。将各相触点间的接触电阻、绝缘电阻记入表1-8。

表 1-8　组合开关的基本结构与测量记录

型号		极数	主要零部件	
			名称	作用
触点接触电阻				
L1 相	L2 相	L3 相		
相间绝缘电阻				
L1—L2	L2—L3	L3—L1		

(2)组合开关的检测。

功能检测:首先将手柄顺时针或逆时针旋转 90°,再用万用表电阻挡测试各组触点是否全部接通或全部断开,若不是,则说明开关已坏。当手柄在某一挡位时,若触点全部接通,将手柄顺时针或逆时针旋转 90°,触点应全部断开。

外观检测:每层叠片配合应紧密;旋转手柄时,操作机构应灵活无阻滞,动、静触点分合迅速,松紧一致。

二、熔断器的拆装与检测

1. 实训目标

了解常用熔断器的基本结构,并会拆装、检测及进行简单的选择。

2. 实训内容

对常用熔断器进行拆装、检测与参数选择。

3. 实训工具、仪表和器材

(1)工具:常用电工工具一套(螺钉旋具、镊子、钢丝钳、尖嘴钳等)。

(2)仪表:万用表、绝缘电阻表。

(3)器材:低压熔断器等,根据实际情况准备。

4. 实训步骤

1)熔断器的拆装

拆开插入式熔断器、螺旋式熔断器,将其内部主要零部件的名称和作用记入表1-9。

用万用表电阻挡测量输入端和输出端之间的接触电阻,将测量结果一并记入表1-9。

表 1-9　熔断器的拆卸、装配和测量记录

插入式熔断器	螺旋式熔断器	拆卸步骤 (螺旋式熔断器)	主要零部件 (螺旋式熔断器)	
型号				
			名称	作用
取下瓷盖（不装熔体）				
输入端和输出端接触电阻	输入端和输出端接触电阻			
合上瓷盖（装入熔体）				
输入端和输出端接触电阻	输入端和输出端接触电阻			

2）熔断器的检测

（1）插入式熔断器的检测。

功能检测：打开瓷盖，观察动、静触点螺钉是否齐全、牢固，熔体选择是否合适；合上瓷盖，用万用表电阻挡测试输入端和输出端是否接通，若不是，则说明熔断器已坏。合上瓷盖，输入端和输出端应接通；打开瓷盖，输入端和输出端应断开。

外观检测：动、静触点的螺钉应齐全、牢固；熔体选择合适；瓷盖闭合后牢固，不易脱落。

（2）螺旋式熔断器的检测。

旋开瓷帽，观察熔体、进线端、出线端螺钉是否齐全、牢固；而后旋上瓷帽，用万用表电阻挡测量输入端和输出端是否接通，若不是，则说明熔断器已坏。

旋上瓷帽，输入端和输出端应接通；旋开瓷帽，输入端和输出端应断开。瓷帽旋紧后牢固，不易脱落。

➤ 思考与练习

一、单项选择题

1.下列各型号熔断器中，分断能力最强的型号是（　　）。

A.RL6　　　　B.RC1A　　　　C.RM10　　　　D.RT14

2.螺旋式熔断器与金属螺纹壳相连的接线端应与（　　）相连。

A.负载　　　　B.电源　　　　C.负载或电源　　　　D.不确定

3.同一电器的各个部件在图中可以不画在一起的图是（　　）。

A.电气原理图　　　　　　　　　　B.电气元件布置图

C.电气安装接线图　　　　　　　　D.电气原理图和电气安装接线图

4.在异步电动机直接起动控制电路中，熔断器额定电流一般应取电动机额定电流的（　　）倍。

A.4～7　　　　B.2.5～3　　　　C.1　　　　D.1.5～2.5

二、判断题

（　　）1.开启式负荷开关安装时，合闸状态手柄应向下。

（　　）2.熔断器的额定电流应不小于熔体的额定电流。

（　　）3.在螺旋式熔断器的熔管内要填充石英砂,起灭弧作用。

（　　）4.刀开关可以用于分断堵转的电动机电源。

（　　）5.异步电动机直接起动时的起动电流为额定电流的 4～7 倍,所以电路中配置的熔断器的额定电流也应按电动机额定电流的 4～7 倍来选择。

三、简答题

1.某三相异步电动机额定功率为 14 kW,额定电压为 380 V,功率因数为 0.85,额定效率为 0.9,若采用螺旋式熔断器,试选择熔断器的型号。

2.某电动机的型号为 Y-112M-4,功率为 4 kW,采用△接法,额定电压为 380 V,额定电流为 8.8 A,试选择开启式负荷开关、组合开关、断路器、熔断器的型号。

3.上网搜索后,简述手动电路的检测方法。

4.请将本任务的知识点以思维导图的形式呈现出来。

◀ 任务2 三相异步电动机单向连续运转控制 ▶ 电路的安装与检修

三相异步电动机单向运转控制电路是三相异步电动机控制系统中最为简单的控制电路，有点动控制电路和连续运转控制电路之分。

所谓点动控制，就是"按下起动按钮电动机就运转、松开起动按钮电动机就停止"的运动控制方式。它是一种短时断续控制方式，主要应用于设备的快速移动和校正装置。由于这种控制方式下电动机是短时断续工作，因而不需要过载保护。

连续运转控制，是指按下起动按钮电动机就运转，松开起动按钮后电动机仍然保持运转的控制方式。由于这种控制方式下电动机是连续工作的，为避免过载或缺相导致电动机烧毁，必须采用过载保护。

➤ 工作任务

某车间需安装一台台式钻床，如图1-20所示。钻床上电动机的额定电压为380 V，额定功率为180 W，额定电流为0.65 A，额定转速为1440 r/min。现在要为此钻床安装单向正转控制电路，要求三相异步电动机采用接触器-继电器控制，能点动运行和连续运行，必须设置短路、欠电压和失电压保护，必要时设计过载保护。试设计电气原理图并完成台式钻床运行控制电路的安装、调试，并进行简单的故障排查。

图1-20 台式钻床

➤ 任务目标

（1）会正确识别、选择、安装、使用常用低压电器（刀开关、组合开关、断路器、交流接触器、按钮、熔断器），熟悉它们的功能、基本结构、工作原理及型号意义，熟记它们的图形符号和文字符号。

（2）会正确识读电动机点动控制电路原理图，会分析其工作原理。

（3）会选用元件和导线，掌握控制电路的安装要领。

（4）会安装、调试三相异步电动机连续运转控制电路。

（5）能根据故障现象对三相异步电动机连续运转控制电路的简单故障进行排查。

➤ 引导问题

（1）按钮的结构分哪几种？红色按钮和绿色按钮分别代表什么意思？

（2）交流接触器由哪几部分组成？简述交流接触器的工作原理。

（3）分析三相异步电动机连续运转控制电路工作过程。

➤ 基础知识

一、按钮

按钮是一种手动操作、可以自动复位的主令电器,通常用来接通或断开小电流控制的电路,适用在 AC 500 V 或 DC 440 V、电流为 5 A 以下的电路中。它不直接去控制主电路的通断,而是在控制电路中发出"指令"去控制接触器、继电器的线圈回路,再由它们的触头去控制相应的主电路。

1. 按钮结构及符号

按钮主要由按钮帽、复位弹簧、桥式触头、动断触头(常闭触头)、动合触头(常开触头)、外壳等构成,一般有复合结构形式和单按钮结构形式。按钮在没有外力作用时,分为起动按钮、停止按钮和复合按钮,只作为起动按钮时仅用常开触头,只作为停止按钮时仅用常闭触头。按钮结构及符号如图 1-21 所示。

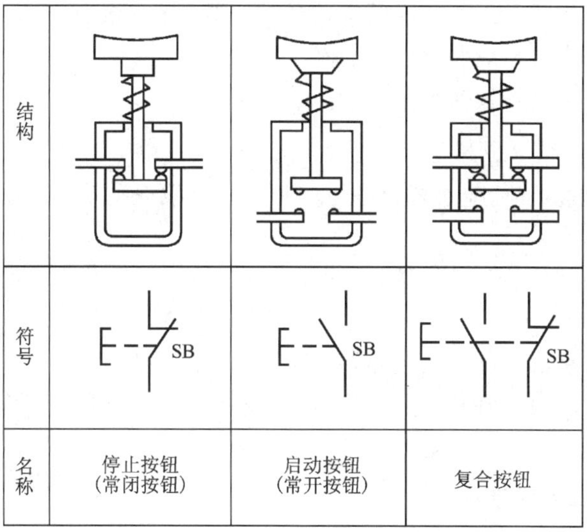

结构			
符号	E—⌐/ SB	E—⌐ SB	E—⌐/ SB
名称	停止按钮 (常闭按钮)	启动按钮 (常开按钮)	复合按钮

图 1-21 按钮结构示意图及图形符号与文字符号

动合触头(常开触头)是指电器在没有受到任何机械外力作用或电磁吸力作用时始终断开的触头,而动断触头(常闭触头)是指电器在没有受到任何机械外力作用或电磁吸力作用时始终闭合的触头。

为了便于识别各个按钮的作用,避免误动作,通常在按钮帽上做出不同标记或涂上不同的颜色。一般红色按钮作为停止按钮,绿色按钮作为起动按钮。目前常用的按钮有 LA18、LA19、LA20 和 LA25 等系列。

2. 作用

当按钮受到外力作用时,常闭触头先断开,常开触头后闭合;当外力消失后,闭合的常开触头先断开复位,断开的常闭触头后闭合复位。即当按钮受到外力作用时,闭合的触头先断开,断开的触头后闭合,其他电器也是如此。

3. 按钮的型号含义

按钮的型号含义如图 1-22 所示。

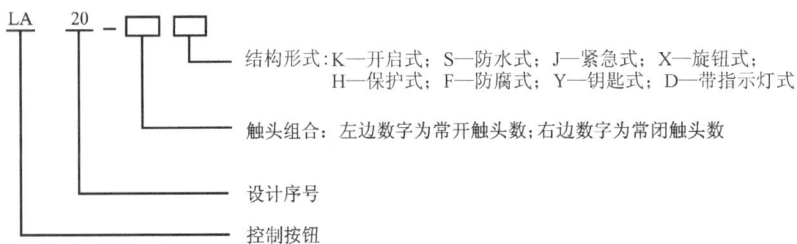

图 1-22 按钮的型号含义

4. 按钮的选用

按钮的选用主要考虑：

(1)根据使用场合和具体用途选择按钮的种类。

(2)根据工作状态指示和工作情况要求选择按钮颜色和带指示灯按钮颜色,紧急停止按钮选用红色,停止按钮优先选择黑色,也可选择红色。

(3)根据控制回路数选择按钮数量。

5. 注意事项

(1)按钮安装在面板上时,应布置整齐、排列合理,可根据电动机起动的先后顺序从上到下或从左到右排列。

(2)同一设备运动部件的几种工作状态(如上下、左右等)应使每一对控制相反状态的按钮安装在一组。

(3)紧急按钮应采用红色蘑菇头按钮,并安装在明显位置。

(4)带指示灯按钮一般不宜长期通电显示,以免外壳过热变形。

(5)金属按钮外壳必须可靠接地。

6. 按钮常见故障及处理方法

按钮常见故障及处理方法如表 1-10 所示。

表 1-10 按钮常见故障及处理方法

故障现象	可能原因	处理方法
触头接触不良	触头烧损	修整触头或更换产品
	触头表面有尘垢	清洁触头表面
	触头弹簧失效	重绕弹簧或更换产品
触头间短路	塑料受热变形导致接线螺钉相碰短路	查明发热原因,排除故障并更换产品
	杂物或油污在触头间形成通路	清洁按钮内部

二、交流接触器

接触器是一种电磁式自动切换电器,因其具有灭弧装置,而适用于远距离频繁地接通或断开的交、直流主电路及大容量的控制电路。其主要控制对象是电动机,也可是其他负载。

接触器按主触头通过的电流种类,可分为交流接触器和直流接触器两类。在机床电气控制电路中,主要采用的是交流接触器。

1. 交流接触器的结构

交流接触器主要由电磁系统、触头系统、灭弧装置以及辅助部件构成。它的外形结构示意图如图 1-23 所示,各结构部件如图 1-24 所示。

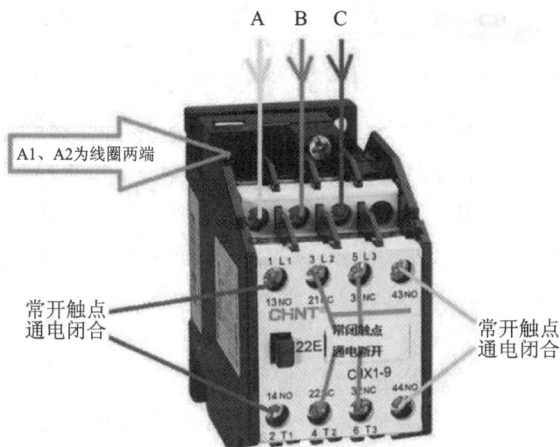

图 1-23 交流接触器外形结构示意图

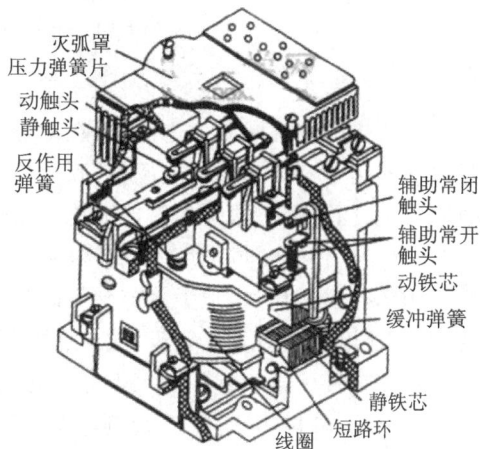

图 1-24 交流接触器结构部件图

1)电磁系统

交流接触器电磁系统主要由线圈、静铁芯、动铁芯(衔铁)三部分组成。电磁系统的主要作用是利用线圈的通电或断电,使动铁芯和静铁芯吸合或释放,从而带动动触头与静触头闭合或分断,实现电路接通或断开的目的。

交流接触器的衔铁运动方式有两种:额定电流为 40 A 及以下的接触器,采用衔铁直线运动式;额定电流为 60 A 及以上的接触器,采用衔铁绕轴转动拍合式。为了减少工作中交变磁场在铁芯中产生的涡流损耗及磁滞损耗,避免铁芯过热,交流接触器的静铁芯和动铁芯一般用 E 形硅钢片叠压铆成。尽管如此,铁芯仍是交流接触器发热的主要部件。为增大铁芯的散热面积,避免线圈与铁芯直接接触而受热烧损,交流接触器的线圈一般做成粗而短的圆筒形,并且绕在绝缘骨架上,使铁芯与线圈之间有一定的间隙。

为了减少交流接触器吸合时产生的振动和噪声,在静铁芯上装有一个铜短路环(又称减振环),如图 1-25 所示。

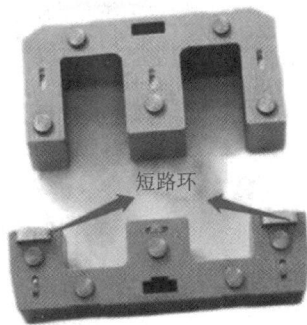

图 1-25 短路环

2)触头系统

触头系统是接触器的执行元件,用以接通或分断所控制的电路。触头系统必须工作可靠,接触良好。交流接触器的三个主触头在接触器中央,触头较大,两个复合辅助触头分别位于主触头的左、右侧,上方为辅助动断触头,下方为辅助动合触头。辅助触头用于通断控制回路,起电气联锁作用。交流接触器的触头结构形式有桥式和指式两种,如图 1-26 所示。

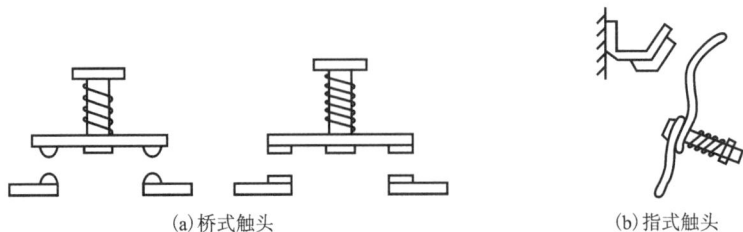

(a)桥式触头　　　　　　　　　　　　　　　(b)指式触头

图 1-26　交流接触器触头结构形式

3）灭弧装置

交流接触器在断开大电流时,在动、静触头之间会产生很大的电弧。电弧是触头间气体在强电场作用下产生的放电现象,电弧会灼伤触头,缩短触头使用寿命,甚至会造成弧光短路而引起火灾,因此要采取措施使电弧能尽快熄灭。熄灭电弧的主要措施有:①迅速增加电弧长度(拉长电弧),使得单位长度内维持电弧燃烧的电场强度不够而使电弧熄灭;②使电弧与流体介质或固体介质相接触,加强冷却和去游离作用,使电弧加快熄灭。电弧有直流电弧和交流电弧两类,交流电流会自然过零点,故交流电弧较容易熄灭。

在交流接触器中常用的灭弧方法有双断口电力灭弧、窄缝灭弧、栅片灭弧三种。

(1)双断口电力灭弧:双断口电力灭弧装置如图 1-27(a)所示。这种灭弧方法适用于容量较小的交流接触器,如 CJ10-1 型交流接触器。

(2)窄缝灭弧:窄缝灭弧装置如图 1-27(b)所示。这种灭弧方法适用于额定电流为 20 A 以上的交流接触器。

(3)栅片灭弧:栅片灭弧装置如图 1-27(c)所示。这种灭弧方法适用于容量较大的交流接触器,如 CJ0-40 型交流接触器。

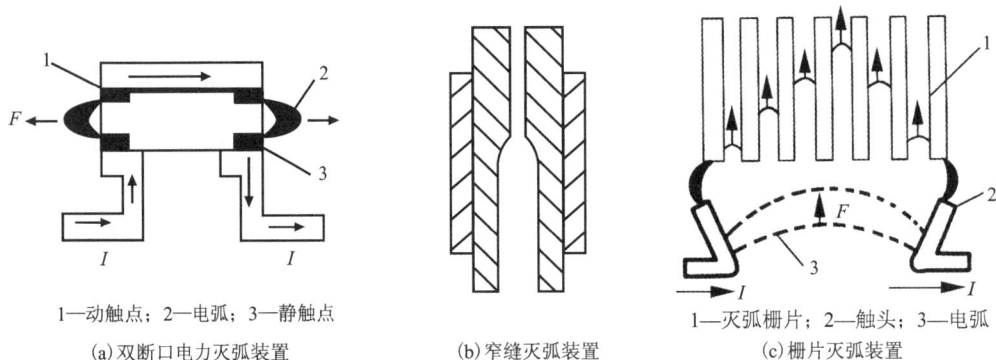

1—动触点；2—电弧；3—静触点

(a)双断口电力灭弧装置　　　　　(b)窄缝灭弧装置　　　　　1—灭弧栅片；2—触头；3—电弧

(c)栅片灭弧装置

图 1-27　交流接触器常用灭弧装置

4）辅助部件

接触器的辅助部件有反作用弹簧、缓冲弹簧、触头压力弹簧、传动机构、底座及接线柱等。反作用弹簧的作用是线圈断电后,推动衔铁释放,使各触头恢复原始状态。缓冲弹簧的作用是缓冲衔铁在吸合时对铁芯和接触器外壳的冲击力。触头压力弹簧的作用是增加动、静触头间的压力,从而增大触头接触面积,减小接触电阻。传动机构的作用是在衔铁或反作用弹簧的作用下,带动动触头实现与静触头的接通或分断。

2. 交流接触器的工作原理

交流接触器的工作原理如图 1-28 所示。当交流接触器的线圈通电后,线圈中流过的电流产生磁场,使铁芯产生足够大的吸力,克服反作用力,将衔铁吸合,通过传动机构带动三对主触头和辅助常开触头闭合,辅助常闭触头断开。当交流接触器线圈断电或电压显著下降时,由于电磁力消失或减小,衔铁在反作用弹簧的作用下复位,带动各触头恢复到原始状态。常用 CJ10 等系列的交流接触器在 0.85～1.05 倍的额定电压下能可靠吸合。

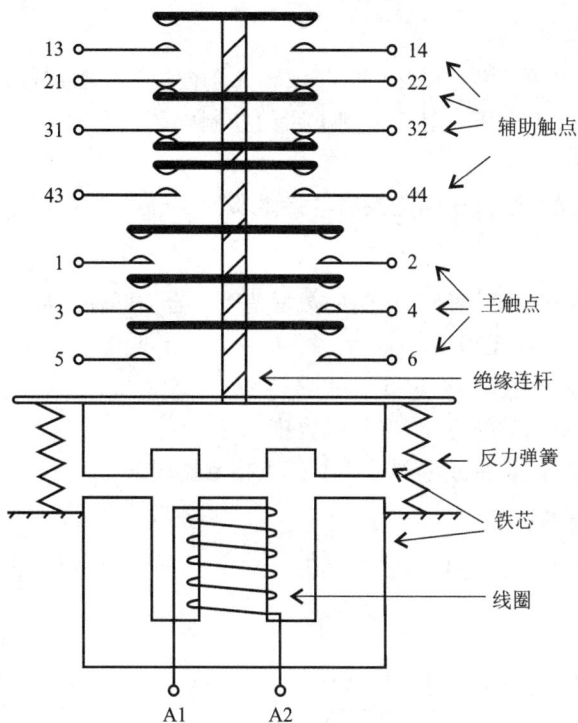

图 1-28 交流接触器工作原理

3. 交流接触器的主要技术参数和常用型号

交流接触器的主要技术参数有额定电压、额定电流等。

(1)额定电压:交流接触器的额定电压是指主触头的正常工作电压,额定电压有 127 V、220 V、380 V、500 V 及 660 V 等。

(2)额定电流:交流接触器的额定电流是指主触头的正常工作电流,额定电流有 40 A、80 A、100 A、150 A、250 A、400 A 及 600 A 等。

(3)线圈的额定电压:交流接触器线圈的额定电压一般有 36 V、127 V、220 V 和 380 V 四种。

(4)额定操作频率:由于交流线圈在通电瞬间有很大的起动电流,如果通断次数过多就会引起线圈过热,所以交流接触器每小时的通断次数应受到限制,用额定操作频率表示。一般额定操作频率最高为 600 次/h 和 1200 次/h。

常用的交流接触器有 CJ20、CJX1、CJX2、CJ12 和 CJO 等系列。它们的型号含义如图 1-29 所示。

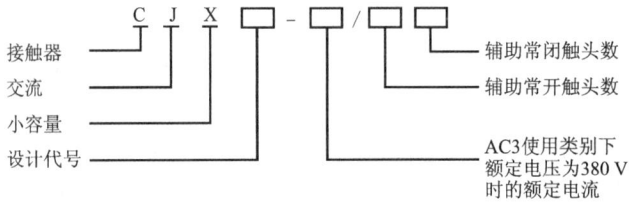

图 1-29 交流接触器的型号含义

4.交流接触器的选用

(1)交流接触器的主触头额定电流应等于或稍大于被控制负载的额定电流。

(2)交流接触器的线圈电压应等于控制电路的控制电压。在机床控制设备中线圈额定电压一般采用110 V。

(3)交流接触器的触头数量应满足控制电路要求。

5.使用注意事项

(1)安装前,应检查接触器铭牌与线圈的数据是否符合实际使用要求。

(2)检查外观,其外观应无损伤。

(3)应垂直安装,倾斜度不得超过5°。

(4)散热孔应朝垂直向上的方向,以利于散热。

(5)接线时,注意螺钉、线头或零部件不要掉入接触器内部。

6.交流接触器的电路符号

交流接触器在电路图中的符号如图1-30所示。

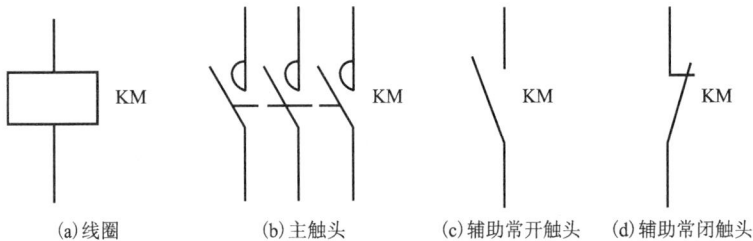

(a)线圈   (b)主触头   (c)辅助常开触头   (d)辅助常闭触头

图 1-30 交流接触器的电路符号

三、热继电器

1.热继电器的作用

电动机在实际运行中,常会遇到过载情况。只要过载不严重、时间短、绕组温升不超过允许值,这种过载就是允许的。但如果过载情况严重、时间长,则会加速电动机绝缘的老化,缩短电动机的使用年限,甚至烧毁电动机,因此必须对电动机进行过载保护。

热继电器是一种利用流过继电器的电流所产生的热效应而反时限动作的保护电器,主要用于电动机的过载保护、断相保护、电流不平衡运行及其他电气设备发热状态的控制。

热继电器有两相结构、三相结构、三相带断相保护装置等三种结构类型。其外形如图1-31所示。

图 1-31 热继电器的外形图

2. 热继电器的结构和工作原理

热继电器主要由双金属片、热元件、动作机构、触头系统、整定调整装置等部分组成。图 1-32 所示为实现普通三相过载保护的热继电器的结构和符号。

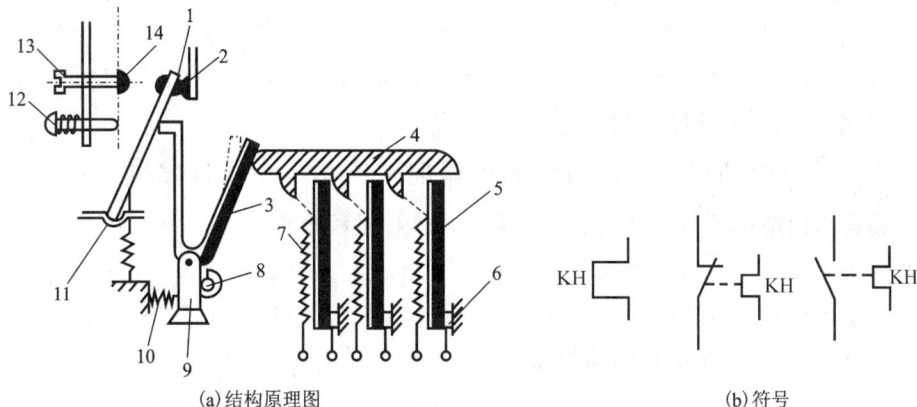

(a)结构原理图　　　　　　　　　　　　　　　　　(b)符号

图 1-32 双金属片式热继电器的结构原理图和符号

1—动触点连杆；2,14—静触点；3—补偿双金属片；4—导板；5—主双金属片；6—双金属片固定端；
7—热元件；8—调节偏心轮；9—支撑件；10—弹簧；11—瓷片；12—复位按钮；13—螺钉

热继电器中的主双金属片 5 由两种膨胀系数不同的金属片压焊而成，缠绕着主双金属片的是热元件 7，它是一段电阻不大的电阻丝，串接在主电路中。热继电器的常闭触头 2 通常串接在接触器线圈电路中。当电动机过载时，热元件中通过的电流加大，使主双金属片逐渐弯曲，经过一定时间后，推动动触点连杆 1，使常闭触点断开，切断接触器线圈电路，使电动机主电路失电。故障排除后，按下复位按钮，使热继电器触点复位。

热继电器的工作电流可以在一定范围内调整，称为整定。整定电流值应是被保护电动机的额定电流值，其大小可以通过旋动整定电流旋钮来实现。由于热惯性，热继电器不会瞬间动作，因此它不能用于短路保护。但也正是由于热惯性的存在，电动机起动或短时过载时，热继电器不会误动作。

3. 热继电器的选择

1）类型的选择

热继电器型号主要根据电动机定子绕组的连接方式确定。在三相异步电动机电路中，对星形连接的电动机可选两相或三相结构的热继电器,一般采用两相结构的热继电器,即在两相主电路中串接热元件。当电源电压的均衡性和工作环境较差或多台电动机的功率差别较显著时,可选择三相结构的热继电器。对于三相感应电动机,定子绕组为三角形连接的电动机必须采用带断相保护装置的热继电器。

2)额定电流选择

热继电器的额定电流应大于电动机的额定电流。

3)热元件的整定电流选择

一般将整定电流值调整到等于电动机的额定电流值;对过载能力差的电动机,可将热元件整定电流值调整到电动机额定电流的 0.6~0.8;对起动时间较长、拖动冲击性负载或不允许停车的电动机,热元件的整定电流值应调节到电动机额定电流的 1.1~1.15 倍。

4. 热继电器的使用

(1)电动机起动时间过长或操作次数过于频繁,会使热继电器误动作或烧坏电器,故这种情况一般不用热继电器进行过载保护。

(2)当热继电器与其他电器安装在一起时,应将它安装在其他电器的下方,以免其动作特性受到其他电器发热的影响。

(3)应合理选择热继电器出线端的连接导线。若导线过细,则热继电器可能提前动作;若导线太粗,则热继电器可能滞后动作。

四、三相异步电动机单向正转控制电路原理图及工作过程分析

1. 三相异步电动机单向正转点动控制电路及工作过程分析

三相异步电动机单向正转点动控制电路原理如图 1-33 所示。它由主电路和控制电路两部分组成。主电路在电源开关 QF 的出线端按相序编号为 U11、V11、W11,然后按从上至下、从左至右的顺序递增;控制电路的编号按"等电位"原则从上至下、从左至右依次从 1 开始递增编号。

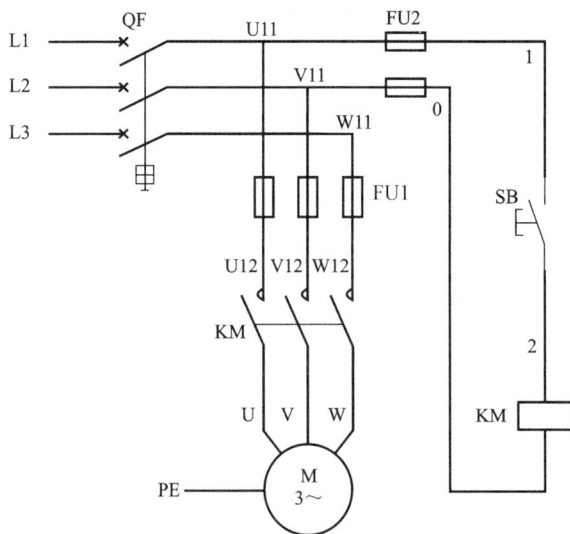

图 1-33　三相异步电动机单向正转点动控制电路原理

1）识读电路图

点动控制电路的识读过程见表 1-11。

表 1-11　点动控制电路的识读过程

序号	识读任务	电路组成	元器件名称	功能
1	读主电路	QF	组合开关	引入三相电源
2		FU1	熔断器	主电路的短路保护
3		KM 主触头	接触器主触头	控制电动机的运转与停止
4		M	三相异步电动机	被控对象
5	读控制电路	FU2	熔断器	控制电路的短路保护
6		SB	按钮	发出起动与停止信号
7		KM 线圈	接触器线圈	控制接触器触头的动作

2）点动控制电路工作过程

识读电路的工作过程，就是描述电路中各电器的动作过程，可以采用叙述法或流程法。其中流程法就是说明电路正常工作时各电器的动作顺序，用电器动作及触头的通断表示。流程法便于理解和分析电路，在实际中比较常用。

（1）叙述法。

起动时，闭合电源开关 QF。按下按钮 SB，接触器 KM 的线圈通电，接触器的三对主触头闭合，电动机接通三相交流电源而直接起动运转。松开按钮 SB，接触器 KM 的线圈断电，接触器的主触头断开，电动机断开三相交流电源而停止运转。

（2）流程法。

闭合电源开关 QF。

①起动过程：按下按钮 SB→KM 线圈得电→KM 主触头闭合→电动机得电运转。

②停止过程：松开按钮 SB→KM 线圈失电→KM 主触头断开→电动机断电停转。

由上述内容可见，当按下按钮 SB（应按到底且不要放开）时，电动机转动；松开按钮 SB 时，电动机停止。

熔断器 FU1 功能为主电路的短路保护，熔断器 FU2 功能为控制电路的短路保护。

3）电气安装接线图

对应于图 1-33 所示的三相异步电动机点动控制电路，电气元件布置图如图 1-34 所示，电气安装接线图如图 1-35 所示，对照完成电路的安装。电气安装底板上的元器件与外部元器件必须通过接线端子板 XT 连接，如按钮和电动机定子绕组的连接。

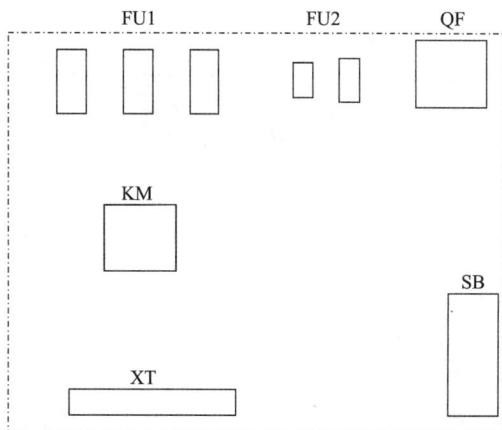

图 1-34　点动控制电路的电气元件布置图

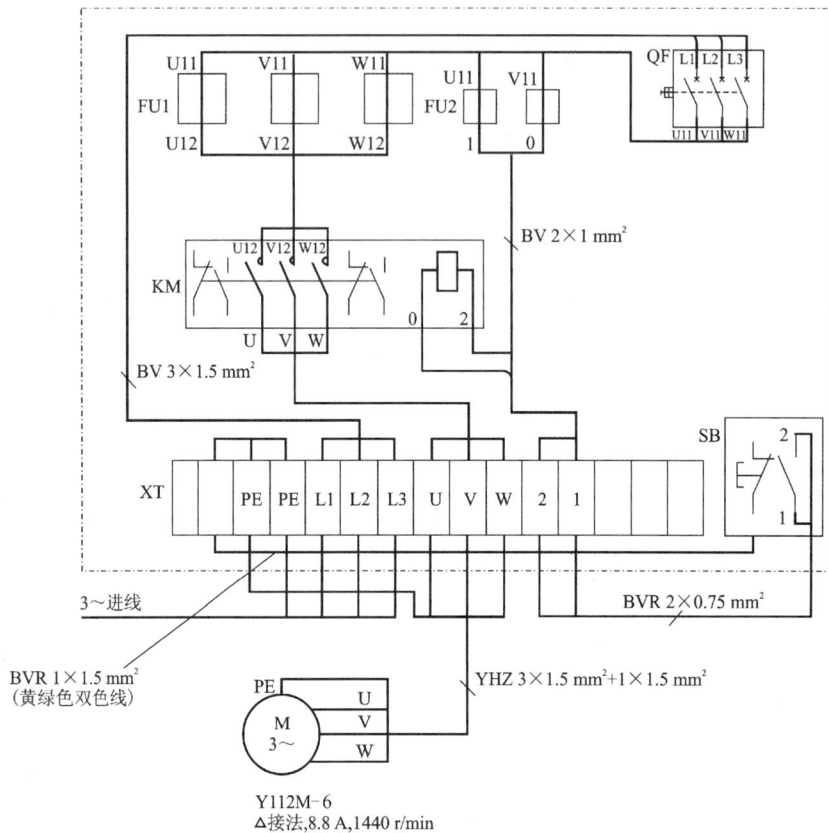

图 1-35　点动控制电路的电气安装接线图

2. 三相异步电动机单向正转连续运转控制电路原理图及工作过程分析

三相异步电动机单向正转连续运转控制电路原理图如图 1-36 所示。

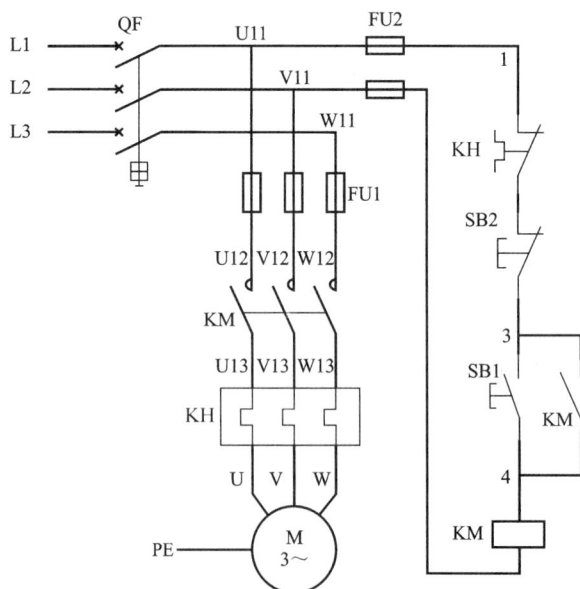

图 1-36　三相异步电动机单向正转连续运转控制电路原理图

1)识读电路图

连续运转控制电路的识读过程见表1-12。

表 1-12　连续运转控制电路的识读过程

序号	识读任务	电路组成	元器件名称	功能
1	读主电路	QF	组合开关	引入三相电源
2		FU1	熔断器	主电路的短路保护
3		KM 主触头	接触器主触头	控制电动机的运转与停止
4		KH 热元件	热继电器热元件	检测流过电动机定子绕组的电流
5		M	三相异步电动机	被控对象
6	读控制电路	FU2	熔断器	控制电路的短路保护
7		KH 常闭触头	热继电器常闭触头	过载后断开控制电路,保护电动机
8		SB1	起动按钮	发布起动信号
9		SB2	停止按钮	发布停止信号
10		KM 线圈	接触器线圈	控制接触器触头的动作
11		KM 常开触头	接触器常开触头	松开 SB1 后保持给接触器线圈通电

2)连续运转控制电路工作过程

(1)叙述法。

起动时:闭合开关 QF。按下起动按钮 SB1,接触器 KM 的线圈通电,其主触头闭合,电动机接通电源而直接起动运转。同时,与 SB1 并联的 KM 的辅助常开触头也闭合,使接触器线圈经两路通电,这样,当 SB1 松开复位时,KM 的线圈仍可通过 KM 辅助头继续通电,从而保持电动机的连续运行。这种依靠接触器自身辅助常开触头而使其线圈保持通电的现象称为自锁或自保,这一对起自锁作用的触头称为自锁触头。

停止时:要使电动机停止运转,只需按下停止按钮 SB2,将控制电路断开。接触器 KM 线圈断电释放,KM 的主触头断开,将通入电动机定子绕组的三相电流切断,从而使电动机停止运转。当松开按钮 SB2 后,接触器线圈已不能再依靠其自锁触头通电了,因为原来闭合的自锁触头已在接触器线圈断电时断开了。

过载时:当电动机发生过载、电流增大超过整定值时,热继电器 KH 的热元件发热,使串联在控制电路中的常闭触头断开,切断接触器 KM 线圈回路,KM 的线圈即刻断电释放,切断电路,电动机 M 失电停转,达到过载保护的目的。

具有自锁装置的控制电路还可以依靠接触器本身的电磁机构实现电路的欠电压与失电压保护。当电源电压由于某种原因而严重降低或为零时,接触器的衔铁自行释放,电动机停止运转。而当电源电压恢复正常时,接触器线圈不能自动通电,只有在操作人员再次按下起动按钮 SB1 后,电动机才会起动。由此可见,欠电压与失电压保护是为了避免电动机在电源恢复时自行起动。

(2)流程法。

主电路的工作过程如下:闭合 QF,当 KM 主触头闭合时,电动机起动运行。

控制电路的工作过程如下：

起动过程：

按下 SB1→接触器 KM 线圈得电┌KM 辅助常开触头闭合自锁
└KM 主触头闭合→电动机 M 通电运行

停止过程：

按下 SB2→KM 线圈断电→所有触头复位→电动机断电停止

五、拓展知识——点动与连续运转混合控制和多地控制

1. 点动与连续运转混合控制

机床设备控制中有很多需要使用点动与连续运转混合的单方向控制电路，如机床设备在正常工作时，一般需要电动机连续运转，但在试车或调整刀具与工件的相对位置时又需要电动机点动，能够实现这种工艺要求的电路就是点动与连续运转混合的正转控制电路。点动与连续运转的区别在于有无自锁电路。图 1-37 所示为可实现点动也可实现连续运转的控制电路，主电路与具有自锁的电动机单方向控制电路的主电路相同。其中，图 1-37（a）所示是用开关 SA 断开与接通自锁电路，闭合开关 SA 时，实现连续运转，断开 SA 时，可实现点动控制。图 1-37（b）所示是用复合按钮 SB3 实现点动控制，用按钮 SB2 实现连续运转控制。

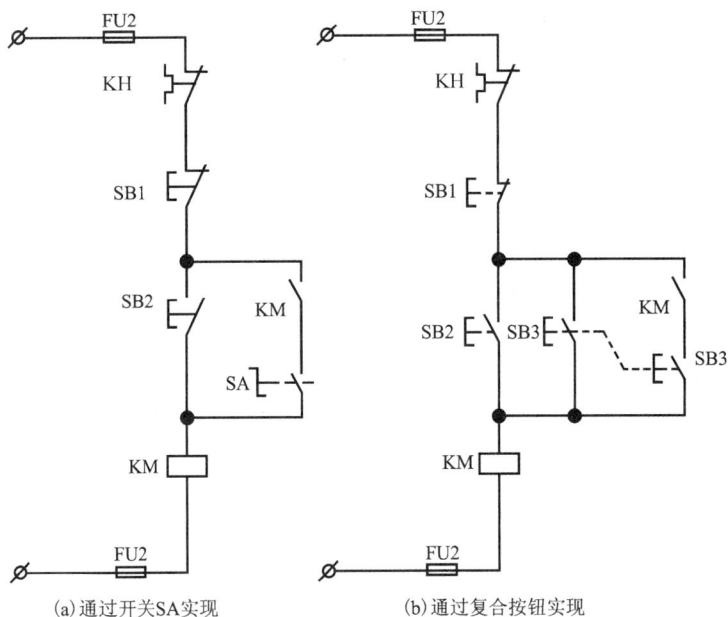

(a)通过开关SA实现　　(b)通过复合按钮实现

图 1-37　点动与连续运转切换控制电路

2. 多地控制

在一些大型生产机械和设备上，要求操作人员在不同地方都能进行操作与控制，即实现多地控制。多地控制是用多组起动按钮、停止按钮来实现的，这些按钮连接的原则是：所有起动按钮的常开触头要并联，即满足逻辑或关系；所有停止按钮的常闭触头要串联，即满足逻辑与的关系。图 1-38 所示为三相异步电动机两地控制电路，其中 SB12、SB22 是安装在不同地方的停止按钮，SB11、SB21 是安装在不同地方的起动按钮。

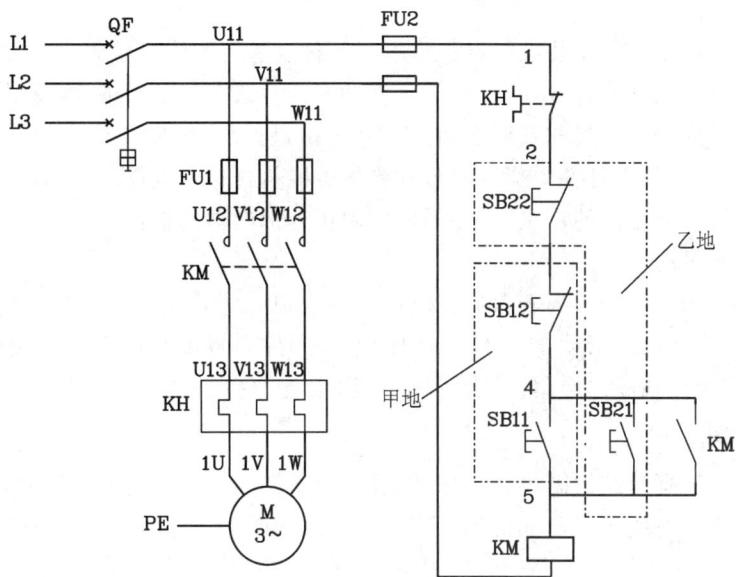

图 1-38 三相异步电动机两地控制电路

➤ 任务实施

一、电气控制系统图的分类及电气原理图的绘制

电气控制系统图以各种图形、符号和图线等形式来表示电气系统中各种电气设备、元器件的相互连接关系。电气控制系统图是联系电气设计、生产和维修人员的工程图。能正确、熟练地识读电气控制系统图是电气从业人员必备的基本技能。

电气控制系统图由各种图形符号及文字符号绘制而成,图形符号用来表示一个设备或关联的图形、标记或字符;文字符号分为基本文字符号和辅助文字符号。为了规范各种电气原理图、电气元件布置图及电气安装接线图等的绘制方法,国家制定了电气简图用图形符号及文字符号标准,将各种电气设备及其连接方式等用图形符号及文字符号表示出来,因此图形符号及文字符号是电气技术的工程语言,我们必须对其中一些常用的加以牢记,并正确使用。在电气控制系统图中,同一电气设备的各部件(如接触器的线圈、主触头和辅助触头)能分散画在图中不同位置,为了识别方便,应用同一文字符号来表示。

1. 电气控制系统图的分类

电气控制系统图按用途和表达方式的不同,可以分为电气原理图、电气安装接线图和电气元件布置图。

1)电气原理图

电气原理图是为了便于阅读与分析控制电路,根据简单、清晰的原则,采用电气元件展开的形式绘制而成的图样。它包括所有电气元件的导电部件和接线端点,但并不按照电气元件的实际布置位置来绘制,也不反映电气元件的大小。其作用是便于工程技术人员详细了解电路的工作原理,指导系统或设备的安装、调试与维修。电气原理图是电气控制系统图中较重要的种类,也是识图的难点和重点。

2)电气安装接线图

电气安装接线图是为了安装电气设备和电气元件及进行配线或检修电气故障服务而绘制的图样。它是用规定的图形符号,按各电气元件的相对位置绘制的实际接线图。它清楚地表示出了各电气元件的相对位置和它们之间的电路连接,所以电气安装接线图不仅要把同一电器的各个部件画在一起,而且各个部件的布置要尽可能符合这个电器的实际情况。另外,不但要画出控制柜内部电器之间的连接,还要画出控制柜外部电器的连接。

3)电气元件布置图

电气元件布置图主要是用来表明电气设备上所有电气元件的实际位置,为生产机械电气控制设备的制造、安装提供必要的资料。通常,电气元件布置图与电气安装接线图组合在一起,既起到电气安装接线图的作用,又能清晰地表示出电气元件的布置情况。

2. 电气原理图

电气原理图由于具有结构简单、层次分明及适合研究和分析电路的工作原理等优点,所以无论在设计部门还是在生产现场都得到了广泛的应用。图 1-39 为某机床的电气原理图。

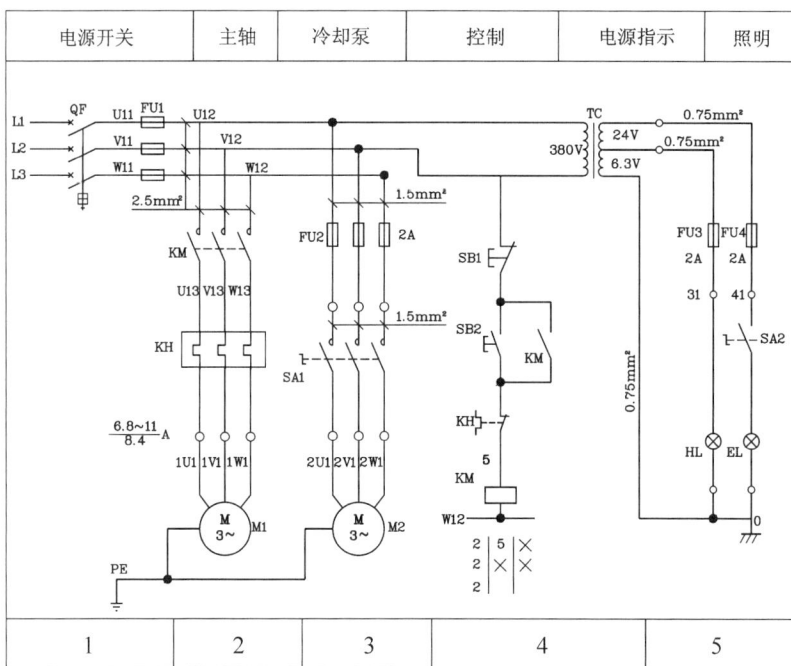

图 1-39 某机床电气原理图

1)绘制电气原理图的基本原则

绘制继电器-接触器控制原理图时,要遵循以下原则。

(1)电气原理图主要分为主电路和控制电路两部分。电动机的通路为主电路,接触器线圈的通路为控制电路。此外,还有信号电路、照明电路等。

(2)在电气原理图中,各电气元件不用画出实际的外形图,而是采用国家制定的标准图形符号和文字符号来表示。

(3)电源电路画成水平线,三相电源 L1、L2、L3 自上而下依次画出,中线 N 和保护接地线 PE 依次画在相线之下。直流电源的"+"端在上边,"-"端在下边。电源开关水平画出。

（4）为读图方便，控制电路一般按照自左向右、自上而下的排列来表示操作顺序。

（5）在电气原理图中，同一电器的不同部件常常不画在一起，但同一电器的不同部件都用相同的文字符号标明。例如，接触器的主触头通常画在主电路中，而它的线圈和辅助触头则画在控制电路中，但它们都用文字符号"KM"表示。

（6）同一种电器一般用相同的字母表示，但须在字母之后加上数字或其他字母来区别。例如，两个接触器应分别用 KM1、KM2 或 KMF、KMR 表示。

（7）全部触头都按初始状态画出。对于接触器和各种电磁式继电器，初始状态是指线圈未通电时的状态；对于按钮、行程开关等，初始状态则是指未受外力作用时的状态。

（8）在电气原理图中，无论是主电路还是控制电路，各电气元件一般按动作顺序从上到下、从左到右依次排列，可水平布置或者垂直布置。

（9）在电气原理图中，有直接联系的交叉导线连接点，要用黑圆点（·）表示，无直接联系的交叉导线连接点不画黑圆点。

（10）电路图中要用字母或数字编号。

①主电路在电源开关出线端按相序依次编号为 U1、V1、W1，然后按自上而下、自左向右的顺序，每经过一个电气元件后编号递增，如 U11、V11、W11。

②三相交流电动机的三根引出线按相序依次编号为 U、V、W。同一电路中有多台电动机时，为了区别，在字母前加数字区别，如 1U、1V、1W。

③控制电路按"等电位"原则，依自上而下、自左向右的顺序用数字依次编号，每经过一个电气元件后编号依次递增。控制电路编号从 1 开始，每个电压等级不同的控制电路的起始号递增 100，如控制电路中的照明电路编号从 101 开始，指示电路编号从 201 开始。

在阅读电气原理图以前，必须对控制对象有所了解，尤其对于机械、液压（或气压）电气配合得比较密切的生产机械，单凭电气原理图往往不能完全看懂其控制原理，只有了解有关的机械传动和液压（或气压）传动后，才能搞清全部控制过程。

2）图面区域的划分

图样下方的 1、2、3 等数字是图区编号，是为了便于检索电气控制电路、方便阅读分析、避免遗漏而设置的。图区编号也可以设置在图的上方。

图区编号上方的"电源开关"等字样表明对应区域下方元器件或电路的功能，使读者能清楚地知道某个元器件或某部分电路的功能，从而便于理解全电路的工作原理。这些字样也可以设置在图的下方。

3）符号位置索引

符号位置索引由图号、页次和图区编号组合而成的索引代号来实现，如图 1-40(a)所示。

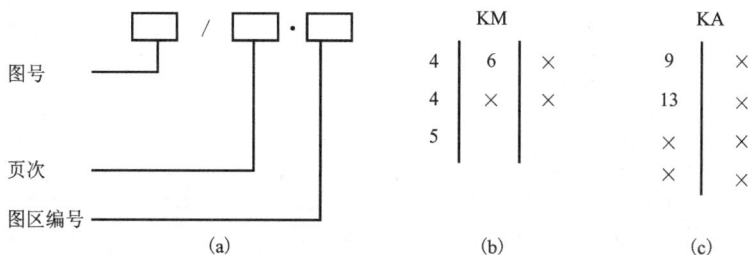

图 1-40 符号位置索引

在电气原理图中,接触器和继电器线圈与触头的从属关系应用附图表示,即在电气原理图中相应线圈的下方,给出触头的文字符号,并在其下面注明相应触头的索引代号,对未使用的触头用"×"表示,有时也可采用省去触头的表示法。

对于接触器 KM,图 1-40(b)所示表示法中各栏的含义如表 1-13 所示。

表 1-13　接触器表示法各栏含义

栏	左栏	中栏	右栏
含义	主触头所在图区编号	辅助常开触头所在图区编号	辅助常闭触头所在图区编号

对于继电器 KA,图 1-40(c)所示表示法中各栏的含义如表 1-14 所示。

表 1-14　继电器表示法各栏含义

栏	左栏	右栏
含义	常开触头所在图区编号	常闭触头所在图区编号

二、所需的工具、材料

(1)所需工具有常用电工工具、万用表等。

(2)所需材料见表 1-15。

表 1-15　电气元件明细

图上代号	元件名称	型号规格	数量	备注
M	三相交流异步电动机	Y112M-4/4 kW,△接法 380 V,8.8 A,1440 r/min	1	
QF	自动开关	C65ND10/3P	1	
FU1	熔断器	RL1-60/25 A	3	
FU2	熔断器	RL1-15/2 A	2	
KM	交流接触器	CJ10-10,380 V	1	
KH	热继电器	JR36-20/3,整定电流 8.8 A	1	
SB1	起动按钮	LA10-2H	1	绿色
SB2	停止按钮		1	红色
XT	接线端子	JX2-Y010	1	
	导线	BV 1.5 mm²、1 mm²	若干	
	冷压接头	1 mm²	若干	
	记号笔	黑色	1	
	网孔板	500 mm×400 mm	1	

三、电路安装步骤

(1)根据表 1-15 配齐所用电气元件,并检查元件质量。

(2)根据图 1-41 完成电气元件布置图。

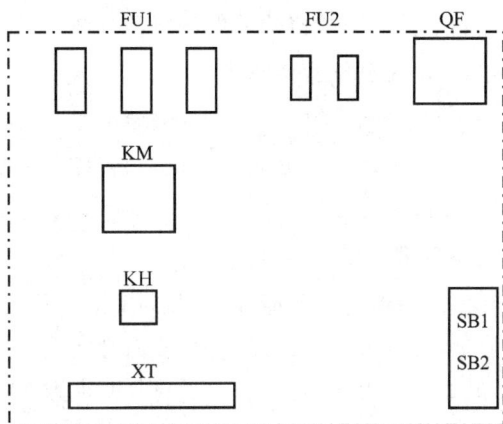

图 1-41　连续运转控制电路的电气元件布置图

(3)根据电气元件布置图安装元件。各元件的安装位置应整齐、匀称,间距合理,便于元件的更换。元件紧固时用力均匀,紧固程度适当。按钮可以不安装在控制板上(实际生产设备中按钮安装在机械设备上)。

(4)布线。机床电气控制电路的布线方式一般有两种:一种是采用板前布线(明敷);另一种是采用线槽布线(明、暗敷结合)。本任务采用的是板前布线方式,线槽布线在后续任务中介绍,这里先介绍板前布线的基本要求。

①布线通道尽可能少,同路并行导线按主电路、控制电路分类集中,单层密布,紧贴安装面板。

②同一平面的导线应高低一致或前后一致,不得交叉。

③布线应横平竖直,分布均匀,变换方向时应垂直。

④布线时以接触器为中心,由里向外、由低至高,按电源电路、控制电路、主电路的顺序进行,以不妨碍后续布线为基本原则。

⑤导线的两端应套上号码管。

⑥所有导线中间不得有接头。

⑦导线与接线端子连接时不得压绝缘层,不得反圈,裸露金属部分不能过长。

⑧一个接线端子上的导线不得多于两根。

⑨软导线与接线端子连接时必须压接冷压端子。

(5)连接按钮。

(6)整定热继电器。

(7)连接电动机和按钮金属外壳的保护接地线。

(8)连接电动机和电源。

(9)检查。通电前,应认真检查有无错接、漏接等会造成电动机不能正常运转或短路的现象。

(10)通电试车时,注意观察接触器情况。观察电动机运转是否正常,若有异常现象马上停车。

(11)试车完毕,应遵循停转、切断电源、拆除三相电源线、拆除电动机线的顺序整理线路。

四、电路检测方法

下面介绍电动机基本控制电路故障检修的一般步骤和方法。

1. 用试验法观察故障现象,初步判断故障范围

试验法是在不扩大故障范围、不损坏电气设备和机械设备的前提下,对电路进行通电试验,通过观察电气设备和电气元件的动作判断其是否正常、各控制环节的动作程序是否符合要求,从而找出故障发生部位或回路的方法。

2. 用逻辑分析法缩小故障范围

逻辑分析法是根据电气控制电路的工作原理、控制环节的动作程序以及它们之间的联系,结合故障现象进行具体的分析,迅速地缩小故障范围,从而判断故障所在的方法。这种方法是一种以准为前提、以快为目的的检查方法,特别适用于对复杂电路的故障检查。

3. 用测量法确定故障点

测量法是利用电工工具和仪表(如测电笔、万用表、钳形电流表、绝缘电阻表等)对电路进行带电或断电测量,以查找故障点的有效方法。下面介绍电压分阶测量法和电阻分阶测量法。

1)电压分阶测量法

测量检查时,首先将万用表的转换开关置于交流电压 500 V 的挡位,然后按图 1-42 所示方法进行测量。

断开主电路,接通控制电路的电源。若按下起动按钮 SB1 时,接触器 KM 不吸合,则说明控制电路有故障。

检测时,在松开按钮 SB1 的条件下,先用万用表测量 0～1 两点之间的电压,若电压为 380 V,则说明控制电路的电源电压正常。然后把黑表笔接到 0 点上,红表笔依次接到 2、3 各点上,分别测量 0～2、0～3 两点间的电压;若电压均为 380 V,再把黑表笔接到 1 点上,红表笔接到 4 点上,测量出 1—4 两点间的电压。根据测量结果即可找出故障点,见表 1-16,表中符号"×"表示无须再测量。

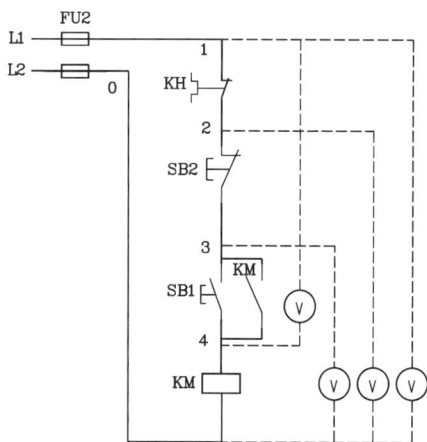

图 1-42　电压分阶测量法

表 1-16　利用电压分阶测量法确定故障点

故障现象	0—2	0—3	1—4	故障点
按下 SB1 时,KM 不吸合	0	×	×	KH 常闭触头接触不良
	380 V	0	×	SB2 常闭触头接触不良
	380 V	380 V	0	KM 线圈断路
	380 V	380 V	380 V	SB1 接触不良

2)电阻分阶测量法

测量检查时,首先将万用表的转换开关置于倍率适当的电阻挡,然后按图 1-43 所示方法进行测量。

断开主电路,接通控制电路电源。若按下起动按钮 SB1 时,接触器 KM 不吸合,则说明控制电路有故障。

检测时,首先切断电路的电源(这点与电压分阶测量法不同),用万用表依次测量出 1—2、1—3、0—4 各两点间的电阻值,根据测量结果即可找出故障点,见表 1-17。

以上是用测量法查找控制电路的故障点的过程。对于主电路的故障点,结合图 1-33 说明如下:

首先测量接触器电源端的 U12—V12、U12—W12、W12—V12 之间的电压,若均为 380 V,说明 U12、V12、W12 三点至电源无故障,可进行第二步测量。否则可再测量 U11—V11、U11—W11、W11—V11 顺次至 L1—L2、L2—L3、L3—L1 之间的电压,直到发现故障。

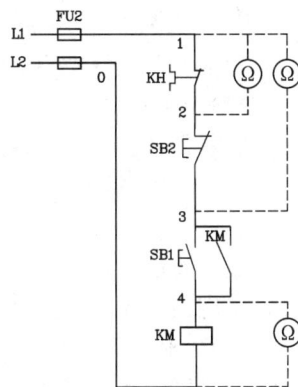

图 1-43 电阻分阶测量法

表 1-17 利用电阻分阶测量法查找故障点

故障现象	1—2	1—3	0—4	故障点
按下 SB1 时, KM 不吸合	∞	×	×	KH 常闭触头接触不良
	0	∞	×	SB2 常闭触头接触不良
	0	0	∞	KM 线圈断路
	0	0	R	SB1 接触不良

其次断开主电路电源,用万用表的电阻挡(一般选 R×10 Ω 以上挡位)测量接触器负载端 U13—V13、U13—W13、W13—V13 之间的电阻,若电阻均较小(电动机定子绕组的直流电阻),说明 U13、V13、W13 三点至电动机无故障,可判断接触器主触头有故障。否则可再测量 U—V、U—W、W—V 到电动机接线端子处的电阻,直到发现故障。根据故障点的不同情况,用正确的维修方法进行维修或更换元器件,排除故障。然后校验,通电试车。

➤ 技能训练

一、按钮的拆装与检测

1. 实训目标

了解控制按钮的基本结构,并会拆装、检测及进行简单检修。

2. 实训内容

对一般控制按钮进行拆装与检测。

3. 实训工具、仪表和器材

(1)工具:常用电工工具一套(螺钉旋具、镊子、钢丝钳、尖嘴钳等)。

(2)仪表:万用表、绝缘电阻表。

(3)器材:各类按钮、位置开关等,根据实际情况准备。

4.实训步骤

1)复合按钮的检测

(1)功能检测。

观察复合按钮的动、静触点的螺钉是否齐全、牢固,动、静触点是否活动灵活。用万用表电阻挡测试动断(常闭)触点输入端和输出端是否全部接通,动合(常开)触点输入端和输出端是否全部断开;若不是,则说明按钮的相应触点已坏。

复合按钮不动作时,动断(常闭)触点输入端和输出端应全部接通,动合(常开)触点输入端和输出端应全部断开。

(2)外观检测。

动、静触点的螺钉应齐全、牢固,活动灵活,外壳无损伤等。

2)复合按钮的拆装

拆卸一只复合按钮,将拆卸步骤,主要零部件的名称、作用,各对触点动作前后的电阻值及各类触点数量等数据记入表1-18。

表 1-18　复合按钮的拆卸与测量记录

型号			拆卸步骤	主要零部件	
				名称	作用
触点数					
动合(常开)触点		动断(常闭)触点			
触点电阻					
动合(常开)触点		动断(常闭)触点			
动作前	动作后	动作前	动作后		

二、接触器的拆装与检测

1.实训目标

了解交流接触器的基本结构,并会拆装、检测及简单维修。

2.实训内容

交流接触器进行拆装、检测及简单维修。

3.实训工具、仪表和器材

(1)工具:常用电工工具一套(螺钉旋具、镊子、钢丝钳、尖嘴钳等)。

(2)仪表:万用表、绝缘电阻表。

(3)器材:各类交流接触器等,根据实际情况准备。

4.实训步骤

1)接触器的检测

(1)功能检测。

观察交流接触器动、静触点螺钉是否齐全、牢固,动、静触点是否活动灵活。用万用表电阻挡测试动断(常闭)触点输入端和输出端是否全部接通、动合(常开)触点输入端和输出端是否全部断开。用手按下衔铁(动铁芯),动断(常闭)触点应断开,动合(常开)触点应闭合;若不是,则说明接触器相应触点已坏。

交流接触器不动作时动断(常闭)触点输入端和输出端应全部接通,动合(常开)触点输入端和输出端应全部断开。

(2)外观检测。

动、静触点的螺钉应齐全、牢固,活动灵活,外壳无损伤等。

2)接触器的拆装

拆卸一只交流接触器,将主要零部件的名称和作用记入表 1-19。用万用表电阻挡测试各对触点动作前后的电阻值及各类触点的数量、线圈数据,用绝缘电阻表测量每两相触点之间的绝缘电阻,记入表 1-19。

表 1-19　交流接触器的拆卸与测量记录

型号		容量		拆卸步骤	主要零部件	
					名称	作用
触点数						
主触点	辅助触点	辅助动合(常开)触点	辅助动断(常闭)触点			
触点电阻						
动合(常开)触点		动断(常闭)触点				
动作前	动作后	动作前	动作后			
线圈						
线径	匝数	电压	电阻			

三、热继电器的拆装与检测

1. 实训目标

了解热继电器主要结构,并会拆装、检测及进行参数选择和调节。

2. 实训内容

对常用热继电器进行拆装、检测及参数选择。

3. 实训工具、仪表和器材

(1)工具:常用电工工具一套(螺钉旋具、镊子、钢丝钳、尖嘴钳等)。

(2)仪表:万用表、绝缘电阻表。

(3)器材:热继电器等,根据实际情况准备。

4.实训步骤

1)热继电器的检测

(1)功能检测。

观察热继电器热元件及动、静触点螺钉是否齐全、牢固,动、静触点是否活动灵活。用万用表电阻挡测试热元件及动断(常闭)触点输入端和输出端是否接通,动合(常开)触点输入端和输出端是否断开;若不是,则说明热继电器已坏。

热继电器不动作时动断(常闭)触点输入端和输出端应接通,动合(常开)触点输入端和输出端应断开。

(2)外观检测。

动、静触点螺钉齐全、牢固,活动灵活,外壳无损伤等。

2)热继电器的拆装

打开热继电器外盖,观察热继电器内部结构,检测各热元件电阻值,将各零件的名称、作用及有关电阻值记入表1-20。

表 1-20　热继电器的基本结构及热元件电阻值的检测记录

型号		主要零部件	
		名称	作用
热元件电阻值			
L1 相	L2 相	L3 相	
整定电流值			

四、三相笼型异步电动机单向起动控制电路的安装、接线及调试

1.实训目标

理解自锁的作用和实现方法,识读三相笼型异步电动机单向起动电路原理图,完成其电路的安装、接线及调试。

2.实训内容

根据三相笼型异步电动机单向起动电路原理图绘制安装接线图,按工艺要求完成电路连接,并能进行电路的检查和故障排除。

3.实训工具、仪表和器材

(1)工具:螺钉旋具(十字槽、一字槽)、试电笔、剥线钳、尖嘴钳、钢丝钳等。

(2)仪表:绝缘电阻表、万用表。

(3)器材:组合开关或低压断路器 1 个、螺旋式熔断器 5 个、交流接触器 1 个、热继电器 1 个、按钮 2 个(红、绿各 1 个)或组合按钮 1 个(按钮数 2~3 个)、接线端子板 1 个(10 段左右)、三相交流异步电动机 1 台、安装网孔板 1 块和导线若干。

4.实训步骤

1)安装过程

(1)识读电路图。

三相笼型异步电动机单向起动电路原理图如图1-36所示。要求:明确电路中所用的元器件及其作用,理解电路的工作原理;熟悉起动按钮和停止按钮的结构特点和动作原理;理解接触器自锁触点的作用及接触器自锁的欠电压、失电压保护功能;领会热继电器过载保护的原理和热继电器的接线要求。

(2)检测元器件。

按照图1-36所示配齐所需的元器件,并进行必要的检测。

在不通电的情况下,用万用表或目视检查各元器件触点的通断情况是否良好;检查熔断器的熔体是否完好;检查按钮中的螺钉是否完好,螺纹是否失效;检查接触器的线圈额定电压与电源电压是否相符。

(3)安装与接线。

①绘制电气元件布置图和电气安装接线图。根据图1-36绘出电动机连续运转控制电路的电气元件布置图和电气安装接线图,如图1-44所示。

②在控制板上进行元件的布置与安装时,各元件的安装位置应整齐、匀称、间距合理,便于元件的更换。紧固各元件时要用力均匀。在紧固熔断器、接触器等易碎元器件时,应用手按住元件,一边轻轻摇动,一边用旋具轮流旋紧对角线上的螺钉,直至手感觉摇不动后再适度旋紧一些即可。注意螺旋式熔断器的安装,应使电源进线接在下接线端。

③接线:根据电气安装接线图进行板前布线,板前布线的工艺要求如下。

a.布线通道尽可能地少,同路并行导线按主电路、控制电路分类集中,单层密排,紧贴安装面布线。

b.同一平面的导线应高低一致或前后一致,走线合理,不能交叉或架空。

c.对螺栓式接点,导线连接时应打钩圈,并按顺时针方向旋转。对瓦片式接点,导线连接时直线插入接点固定即可。导线连接不能压绝缘层,也不能露铜过长。

d.布线应横平竖直,分布均匀,变换走向时应垂直。

e.布线时严禁损伤线芯和导线绝缘层。

f.所有从一个接线端子(或接线桩)到另一个接线端子的导线必须完整,中间无接头。

g.一个元件接线端子上的连接导线不得多于两根。

h.进出线应合理汇集在端子板上。

④检查布线:根据电气安装接线图检查控制板布线是否正确。

⑤安装电动机。

2)安装、接线注意事项

(1)按钮内接线时,用力不可过猛,以防螺钉打滑。

(2)按钮内部的接线不要接错,起动按钮必须接动合(常开)触点(可用万用表的欧姆挡判别)。

(3)接触器的自锁触点应并接在起动按钮的两端;停止按钮应串接在控制电路中。

(4)热继电器的热元件应串接在主电路中,其动断(常闭)触点应串接在控制电路中,两者缺一不可,否则不能起到过载保护作用。

(5)电动机外壳必须可靠接PE(保护接地)线。

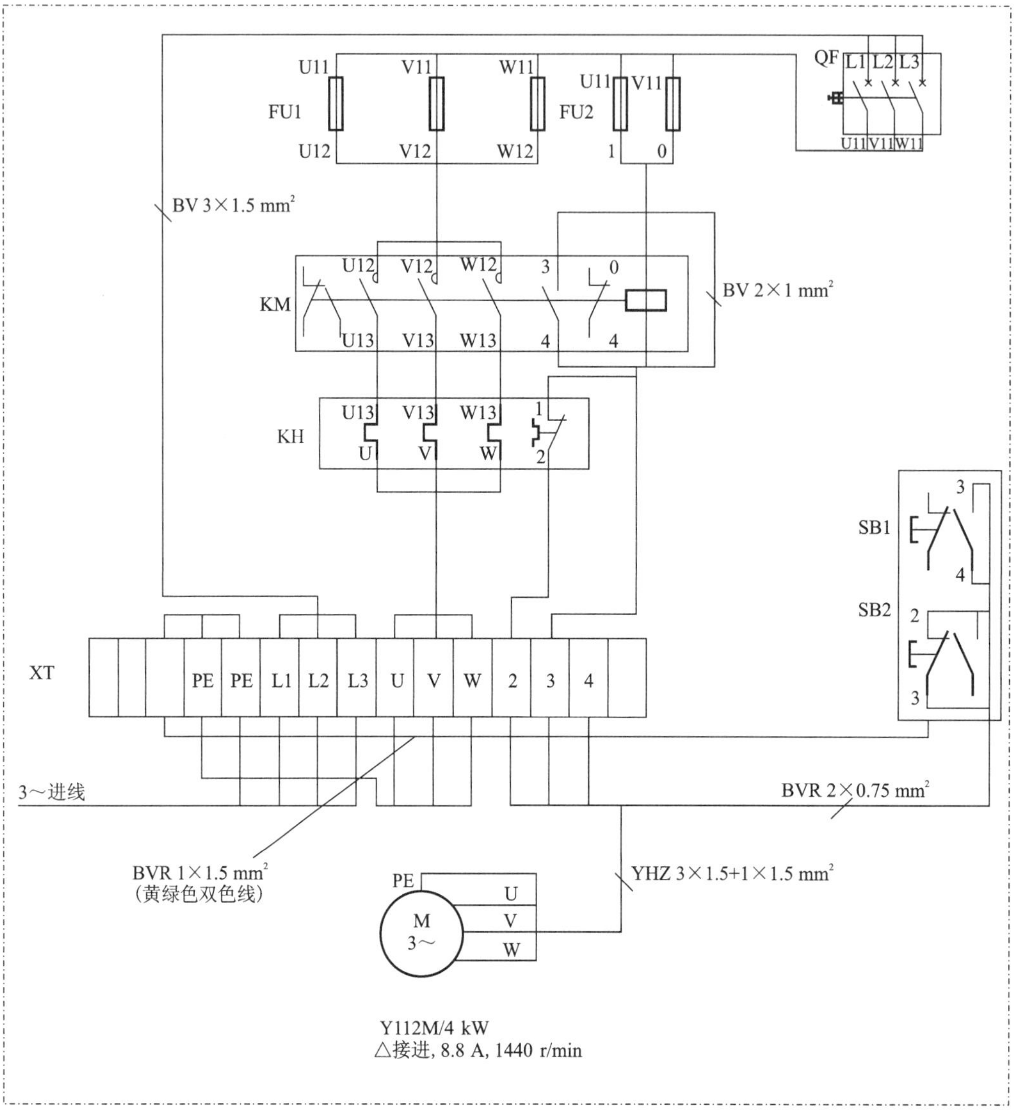

图 1-44　三相笼型异步电动机单向起动电路的电气元件布置图和电气安装接线图

3)电路检查、通电测试及故障排除

(1)不通电测试。

按电气原理图或电气安装接线图,从电源端开始逐段核对接线及接线端子处是否正确,有无漏接、错接之处。检查导线接点是否符合要求,压接是否牢固。

用万用表检查电路的通断情况。检查时,应选用倍率适当的电阻挡,并进行校零,以防短路故障发生。

检查控制电路时(可断开主电路),可用万用表表笔分别搭在 FU2 的两个出线端(V12 和 W12)上,此时读数应为“8”。按下起动按钮 SB2 时,读数应为接触器线圈的电阻值;压下接触器 KM 的衔铁,读数也应为接触器线圈的电阻值。

检查主电路时(可断开控制电路),可以用手压下接触器的衔铁来代替接触器得电吸合时的情况进行检查,依次测量从电源端到电动机出线端子上的每一相电路的电阻值,检查是否存在开路现象。

用绝缘电阻表检查电路的绝缘电阻应不得小于 $0.5M\Omega$。

（2）通电测试。

操作相应按钮，观察电器动作情况。合上断路器 QF，引入三相电源，按下起动按钮 SB2，接触器 KM 的线圈通电，衔铁吸合，接触器的主触点闭合，电动机接通电源直接起动运转。松开 SB2 时，KM 的线圈仍可通过 KM 动合（常开）辅助触点继续通电，从而保持电动机的连续运行。

（3）排除故障。

操作过程中，如果出现不正常现象，应立即断开电源，分析故障原因，仔细检查电路（用万用表），在实训教师认可的情况下才能再次通电调试。

不通电测试（共 10 分，每错一处扣 2 分）。

①主电路测试使用万用表电阻挡，合上电源开关 QF，压下接触器 KM 衔铁，使 KM 主触点闭合，测量从电源端到电动机出线端子上的每一相电路，将电阻值填入表 1-21 中。

②控制电路测试按下 SB2 按钮，测量控制电路两端电阻，将电阻值填入表 1-21 中。压下接触器 KM 衔铁，测量控制电路两端电阻，将电阻值填入表 1-21 中。

表 1-21　三相笼型异步电动机单向起动电路的不通电测试记录

主电路			控制电路两端(V12—W12)	
L1 相	L2 相	L3 相	按下 SB2	压下 KM 的衔铁

通电测试（共 50 分）。

在使用万用表检测后，接入电源通电测试。按照顺序测试电路各项功能，每错一项扣 10 分，扣完为止。如果出现某项功能错误，则后面的功能均算错。将测试结果填入表 1-22 中。

表 1-22　三相笼型异步电动机单向起动电路的通电测试记录

操作步骤	合上 QF	按下 SB1	按下 SB2	再次按下 SB1
电动机动作				

➤ 思考与练习

一、单项选择题

1.按钮按下时，（　　）。

A. 常开触头先闭合，常闭触头再断开　　　B. 常闭触头先断开，常开触头再闭合

C. 常开触头、常闭触头同时动作　　　　D. 闭合和断开情况根据按钮结构而定

2.交流接触器铁芯端面安装短路环的目的是（　　）。

A. 减小铁芯振动和噪声　　　　　　　B. 减小铁芯损耗

C. 增大电磁吸力　　　　　　　　　　D. 减少铁芯发热

3.CJ20-160 型交流接触器在 380 V 电压下的额定工作电流为 160 A，故它在 380 V 电压

下能控制的电动机的功率约为(　　　)。

    A. 20 kW   B. 160 kW   C. 85 kW   D. 100 kW

4. 直流接触器通常采用的灭弧方法是(　　　)。

    A. 电动力灭弧   B. 磁吹灭弧   C. 栅片灭弧   D. 窄缝灭弧

5. 接触器主要由电磁机构、触头系统和(　　　)等几部分组成。

    A. 线圈   B. 灭弧装置   C. 延时机构   D. 双金属片

6. 判断是交流接触器还是直流接触器的依据是(　　　)。

    A. 线圈电流的性质   B. 主触头电流的性质

    C. 主触头额定电流   D. 辅助触头电流的性质

7. 热继电器过载时双金属片弯曲是由于双金属片的(　　　)不同。

    A. 力学强度   B. 热膨胀系数   C. 温差效应   D. 以上都不是

8. 在具有自锁的单向起动控制电路中,实现电动机过载保护的电器是(　　　)。

    A. 熔断器   B. 热继电器   C. 接触器   D. 电源开关

9. 低压断路器不能切除下面哪种故障?(　　　)

    A. 过载   B. 短路   C. 失电压   D. 欠电流

10. 按下按钮,电动机起动运转,松开按钮,电动机仍然运转,只有按下停止按钮,电动机才停止的控制称为(　　　)控制。

    A. 正反转   B. 制动   C. 自锁   D. 点动

11. 接触器的自锁触头是一对(　　　)。

    A. 辅助常开触头   B. 辅助常闭触头   C. 常开主触头   D. 常闭主触头

12. 同一台异步电动机实现多地控制时,各地起动按钮的常开触头应(　　　),各地停止按钮的常闭触头应(　　　)。

    A. 串联、并联   B. 并联、串联   C. 并联、并联   D. 串联、串联

二、判断题

(　　　)1. 一台额定电压为 220 V 的交流接触器在 AC 220 V 和 DC 220 V 的电源上均可使用。

(　　　)2. 交流接触器通电后如果铁芯吸合受阻,将导致线圈烧毁。

(　　　)3. 接触器线圈额定电压应和控制电路电源电压相同。

(　　　)4. 直流接触器比交流接触器更适用于频繁操作的场合。

(　　　)5. 在画电气安装接线图时,同一电气元件的部件都要画在一起。

(　　　)6. 用低压断路器作为机床电路的电源引入开关,一般就不需要再安装熔断器进行短路保护了。

(　　　)7. 热继电器的额定电流就是其触头的额定电流。

(　　　)8. 接触器自锁控制不仅能保证电动机连续运转,而且兼有失电压保护作用。

(　　　)9. 失电压保护的目的是防止电压恢复时电动机自行起动。

(　　　)10. 相同规格的热继电器所装的热元件规格可能是不同的。

三、简答题

1. 交流接触器铁芯上的短路环断裂后会产生什么现象?

2.交流接触器动作时常开和常闭触头的动作顺序是怎样的?

3.某电动机的型号为 Y112M-4,功率为 4 kW,采用△接法,额定电压为 380 V,额定电流为 8.8 A。如果控制电路的控制电压为 127 V,试选择交流接触器的型号。

4.简述双金属片式热继电器的主要结构。

5.电动机点动控制与连续运转控制电路的关键环节分别是什么?

6.什么是失电压、欠电压保护?利用哪些电气元件可以实现失电压、欠电压保护?

7.在三相异步电动机主电路中安装了熔断器,为什么还要安装热继电器?

8.什么是自锁控制?自锁的作用是什么?电路中如何实现自锁?试分析判断图 1-45 所示控制电路能否实现自锁控制。若不能,试说明原因,并加以改正。

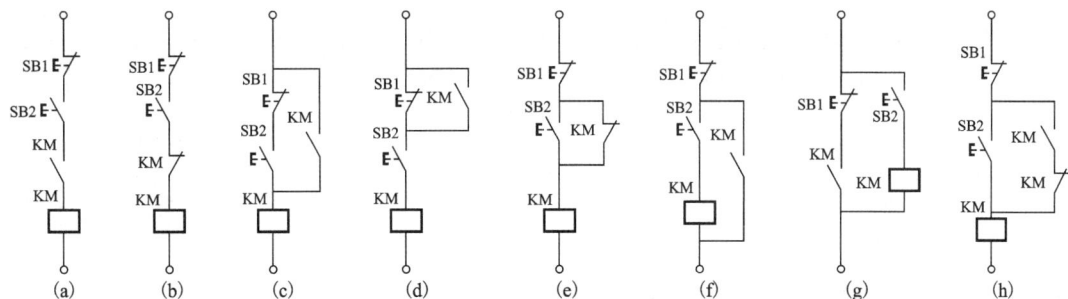

图 1-45 控制电路示例(1)

9.分析图 1-46 所示控制电路的功能,并分析其工作过程。

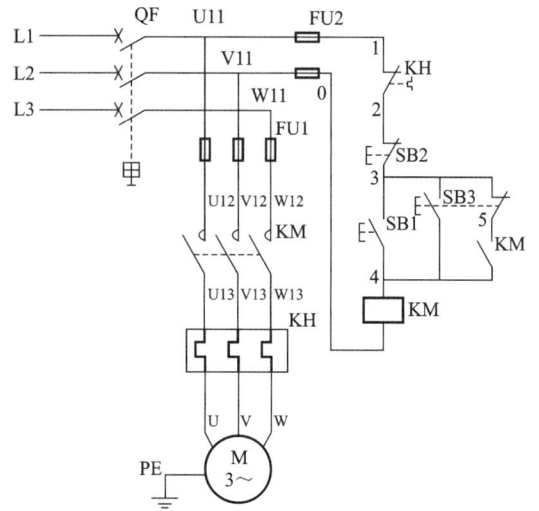

图 1-46   控制电路示例(2)

10.请将本任务的知识点以思维导图的形式呈现出来。

◀ 任务3 三相异步电动机正、反转控制电路的安装与检修 ▶

➤ 工作任务

单向转动的控制电路比较简单,但是只能使电动机朝一个方向旋转,同时带动生产机械运动部件也仅朝一个方向运动。但生产实践往往要求生产机械运动部件能向正、反两个方向运动,如机床工作台的前进和后退,万能铣床主轴的正、反转,起重机的上升和下降等。这就要求电动机能实现正、反转控制。

现在要为某车间的万能铣床安装主轴电气控制电路,要求采用接触器-继电器控制,实现正、反两个方向连续运行,并设置短路、欠电压和失电压保护。

➤ 任务目标

(1)识读三相交流异步电动机正、反转控制电路工作原理。
(2)会选用元件和导线。
(3)能根据线路图安装三相交流异步电动机正、反转控制电路。
(4)知道基本控制电路检修的一般方法。
(5)能正确调试三相交流异步电动机正、反转控制电路。
(6)对线路出现的故障现象能正确、快速地排除。

➤ 引导问题

(1)如何实现电动机换向?
(2)接触器联锁正、反转电路有什么特点?
(3)按钮联锁正、反转电路有什么特点?

➤ 基础知识

一、电动机正、反转的实现

由电动机原理可知,当改变电动机定子绕组的三相电源相序,即把电动机三相电源进线中的任意两相对调接线时,电动机就可以反转。我们在任务2中通电试车时看到,不同电动机的旋转方向不相同,其原因就是接入电动机电源相序不同。

二、倒顺开关

倒顺开关是用来直接通断单台小功率笼型异步电动机,并使其正转、反转和停止的低压手动电器。万能铣床主轴电动机的正、反转控制就是采用倒顺开关来实现的。倒顺开关的外形如图1-47(a)所示,内部结构如图1-47(b)所示,接线示意图如图1-47(c)所示。倒顺开关由手柄、凸轮、触头组成,凸轮、触头装在防护外壳内,触头共有5对,其中两对控制正转,两对控制反转,一对正、反转共用。转动手柄,凸轮转动,可使触头接通和断开。接线时,只需将三个接线柱 L1、L2、L3 接电源，T1、T2、T3 接向电动机即可。

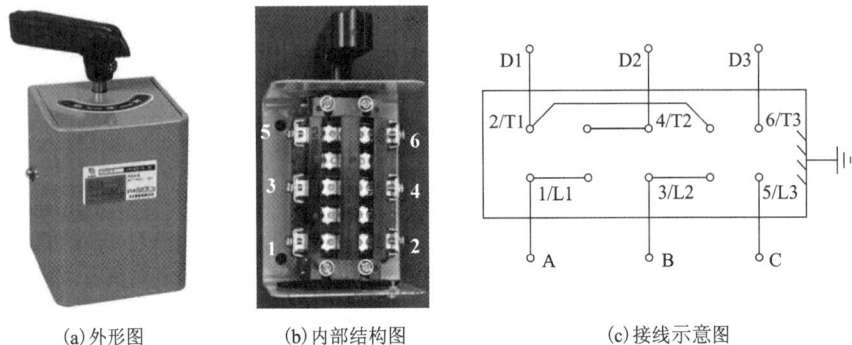

(a)外形图　　　　　(b)内部结构图　　　　　(c)接线示意图

图 1-47　倒顺开关外形及内部结构、接线示意图

倒顺开关的手柄有三个位置：当手柄处于"停"位置时，电动机不转；当手柄处于"顺"位置时，电动机接通电源，正向运行；当电动机需要向反方向运行时，可把倒顺开关手柄拨到"倒"位置上，电动机换向反转。在使用过程中，若在电动机处于正转状态时欲使它反转，则必须先把手柄拨至停转位置，使它停转，然后再把手柄拨至反转位置，使它反转。

倒顺开关一般适用于 4.5 kW 以下的电动机控制电路，若要控制大功率电动机的正、反转，则可以用倒顺开关来选择电动机转动方向，用接触器控制电动机的通断。

倒顺开关符号如图 1-48 所示，倒顺开关正、反转控制电路如图 1-49 所示。

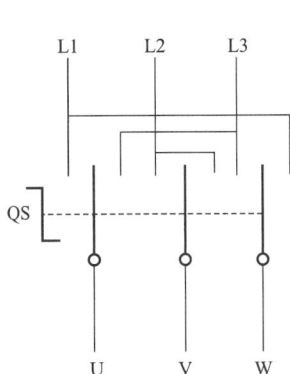

图 1-48　倒顺开关符号　　　　图 1-49　倒顺开关正、反转控制电路

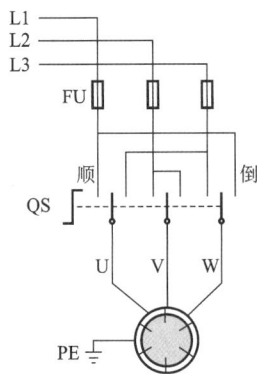

正、反转控制电路工作原理如下：操作倒顺开关 QS，当手柄处于"停"位置时，QS 的动、静触头不接触，电路不通，电动机不转；当手柄处于"顺"位置时，QS 的动触头与左边的静触头相接触，电路按 L1—U、L2—V、L3—W 接通，输入电动机定子绕组的电源电压相序为 L1—L2—L3，电动机正转；当手柄处于"倒"位置时，QS 的动触头与右边的静触头相接触，电路按 L1—W、L2—V、L3—U 接通，输入电动机定子绕组的电源电压相序为 L3—L2—L1，电动机反转。

倒顺开关正、反转控制电路虽然使用的电器较少，比较简单，但它是一种手动控制电路，在频繁换向时，操作人员劳动强度大，操作安全性差，所以这种电路一般用于控制额定电流 10 A、功率在 3 kW 及以下的小功率电动机。在实际生产中，更常用的是用按钮、接触器来控制电动机的正、反转。

三、接触器联锁的正、反转控制电路

1. 电路图的组成

接触器联锁的正、反转控制电路如图 1-50 所示。电路中采用了两个接触器，即正转接触器 KM1 和反转接触器 KM2，它们分别由正转按钮 SB1 和反转按钮 SB2 控制。从主电路中可以看出，这两个接触器的主触头所接通的电源相序不同，KM1 按 L1—L2—L3 相序接线，KM2 则按 L3—L2—L1 相序接线。相应的控制电路有两条，一条是由按钮 SB1 和 KM1 线圈等组成的正转控制电路，另一条是由按钮 SB2 和 KM2 线圈等组成的反转控制电路。

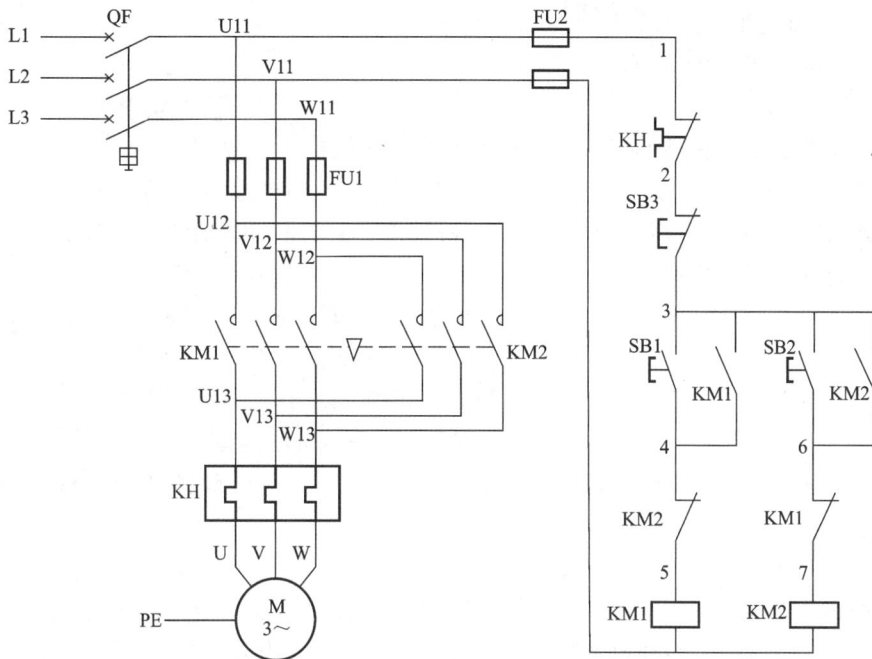

图 1-50 接触器联锁的正、反转控制电路图

必须指出，接触器 KM1 和 KM2 的主触头绝不允许同时闭合，否则将造成两相电源（L1 相和 L3 相）短路事故。为了避免两个接触器 KM1 和 KM2 同时得电动作，就在正、反转控制电路中分别串接了对方接触器的一对辅助常闭触头，这样，当一个接触器得电动作时，可通过其辅助常闭触头使另一个接触器不能得电动作，接触器间这种相互制约的作用称为接触器联锁（或互锁），用符号"▽"表示，实现联锁作用的辅助常闭触头称为联锁触头（或互锁触头）。

2. 电路工作过程分析

1）叙述法

闭合电源开关 QF。按下正转起动按钮 SB1，此时 KM2 的辅助常闭触头没有动作，因此 KM1 线圈得电吸合并自锁，其辅助常闭触头断开，起到互锁作用。同时，KM1 主触头接通主电路，输入电源的相序为 L1—L2—L3，使电动机正转。要使电动机反转，则应先按下停止按钮 SB3，使接触器 KM1 线圈断电，其主触头断开，电动机停转，KM1 辅助常闭触头复位，为反转起动做准备；然后按下反转起动按钮 SB2，此时 KM2 线圈得电，触头的相应动作同样起自锁、互锁和接通主电路的作用，输入电源的相序变成了 L3—L2—L1，使电动机反转。

2)流程法

在应用流程法识读电路时,还经常采用简化的写法,即线圈得电用"＋"表示、线圈断电用"－"表示。在描述触头的通断情况时,通常线圈得电时常闭触头断开、常开触头闭合,线圈断电时所有触头复位(原始状态)。

电路动作较复杂时,还必须从主电路分析入手,再分析控制电路的电器动作过程。

图 1-50 所示电路的工作过程识读如下。

(1)主电路的工作过程:闭合 QF。当 KM1 主触头闭合时,电动机正向运转;当 KM2 主触头闭合时,电动机反向运转。

(2)控制电路的工作过程。

①正向起动控制过程:

$$按下 SB1 \rightarrow KM1^+ \begin{cases} KM1\ 辅助常闭触头断开,对\ KM2\ 实现互锁 \\ KM1\ 辅助常开触头闭合,实现自锁 \\ KM1\ 主触头闭合\rightarrow电动机起动,正向运行 \end{cases}$$

线路起动回路:L1 → QF → FU2 → KH → SB3 → SB1 → KM2 常闭 → KM1 线圈→ L2。

②反向起动控制过程:

按下 SB3 → KM1⁻ → KM1 所有触头复位→电动机断开三相电源,停止运行

$$按下 SB2 \rightarrow KM2^+ \begin{cases} KM2\ 辅助常闭触头断开,对\ KM1\ 实现互锁 \\ KM2\ 辅助常开触头闭合,实现自锁 \\ KM2\ 主触头闭合\rightarrow电动机起动,反向运行 \end{cases}$$

线路起动回路:L1 → QF → FU2 → KH → SB3 → SB2 → KM1 常闭 → KM2 线圈→ L2。

③停止过程:

按下 SB3 → KM1(或 KM2)线圈断电→ KM1(或 KM2)所有触头复位→电动机断电停止

从电路的工作过程可知,要改变电动机的转向时,必须先按下停止按钮,使电动机停止正转,然后才能按下反转按钮,使电动机反转。这种操作较为不便,即只能实现"正转→停止→反转"的操作流程。从以上分析可见,接触器联锁正、反转控制电路的优点是工作安全可靠,缺点是操作不便。为克服此电路的不足,可采用按钮联锁或按钮和接触器双重联锁的正、反转控制电路。

四、按钮和接触器双重联锁的正、反转控制电路

为克服接触器联锁正、反转控制电路的不足,在接触器联锁的基础上,增加按钮联锁。为了操作方便,两个按钮采用复合按钮,它们的常闭触头分别串接在对方的接触器线圈回路中,构成按钮联锁(互锁),形成按钮和接触器双重联锁的正、反转控制电路,如图 1-51 所示。该线路兼有两种联锁,控制电路的优点是操作方便、工作安全可靠。

图 1-51 所示控制电路的工作过程如下。

(1)合上电源开关 QF。

(2)正转起动:按下正转起动按钮 SB1,KM1 线圈得电,KM1 主触头闭合,电动机正向转动,同时 KM1 辅助触点自锁,继续为线圈供电。同时联锁触点 KM1 常闭触点断开(禁止KM2 线圈得电,对反转进行联锁),电动机继续正向转动。

起动回路:L1 → QF → FU2 → KH → SB3 → SB1 → KM2 常闭 → KM1 线圈→ L2。

(3)反转起动:按下反转起动按钮 SB2,KM1 线圈断电,KM1 主触头断开,同时 KM1 自锁

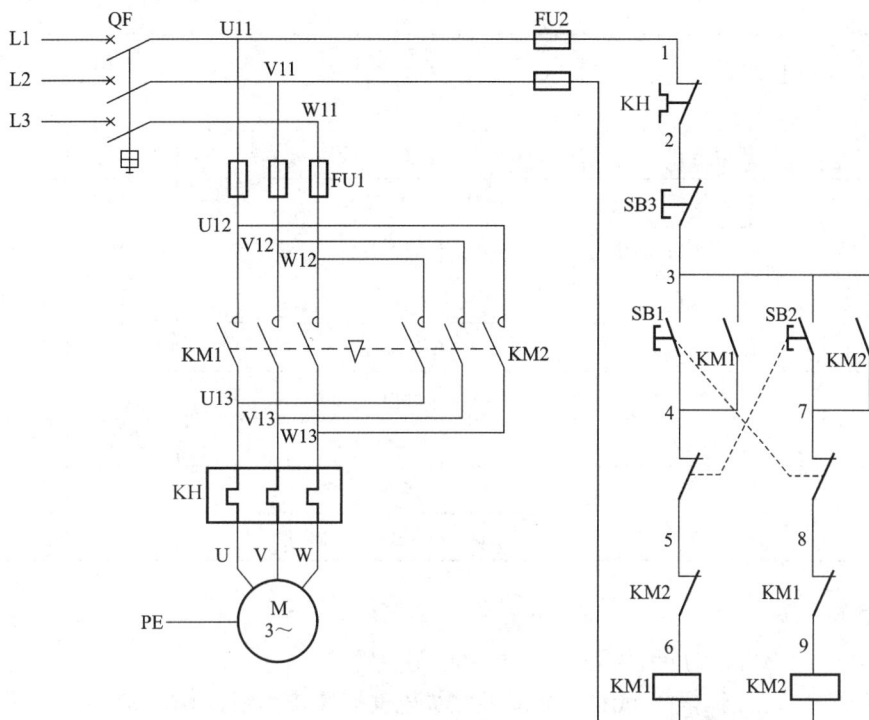

图 1-51 按钮和接触器双重联锁的正、反转控制电路图

触点也断开,电动机停止转动。KM1 常闭触点复位,KM2 线圈得电,KM2 主触头闭合,电动机反向转动。KM2 辅助触点自锁,继续为线圈供电,同时 KM2 常闭触点断开(禁止 KM1 线圈得电,对正转进行联锁),电动机继续反向转动。

起动回路:L1 → QF → FU2 → KH → SB3 → SB2 → KM1 常闭→ KM2 线圈→ L2。

(4)停止:按下停止按钮 SB3,KM2 线圈断电,KM2 主触头断开,同时自锁触点也断开,电动机停止转动。KM1 常闭触点复位,为下一次正转做好准备。

➤ 任务实施

一、所需的工具、材料

(1)图 1-50 所示接触器联锁的正、反转控制电路所需工具有常用电工工具、万用表等。

(2)所需材料见表 1-23。

表 1-23 电气元件明细

图上代号	元件名称	型号规格	数量	备注
M	三相交流异步电动机	Y112M-4/4 kW,△接法 380 V,8.8 A,1440 r/min	1	
QF	自动开关	C65ND10/3P	1	
FU1	熔断器	RL1-60/25 A	3	
FU2	熔断器	RL1-15/2 A	2	

图上代号	元件名称	型号规格	数量	备注
KM1、KM2	交流接触器	CJ10-10,380 V	1	
KH	热继电器	JR36-20/3,整定电流 8.8 A	1	
SB1	正转按钮		1	绿色
SB2	反转按钮	LA10-3H	1	黑色
SB3	停止按钮		1	红色
XT	接线端子	JX2-Y010	2	
	导线	BV 1.5 mm², 1 mm²	若干	
	冷压接头	1 mm²	若干	
	记号笔	黑色	1	
	网孔板	500 mm×400 mm	1	

二、电路安装

(1)根据表 1-23 配齐所用电气元件,并检查元件质量。

(2)根据图 1-51 画出电气元件布置图并完成电气安装接线图,如图 1-52 所示。

(3)根据电气元件布置图安装元件。各元件的安装位置应整齐、匀称,间距合理,便于元件的更换;元件紧固时用力均匀,紧固程度适当。

(4)布线。布线时以接触器为中心,由里向外、由低至高,按电源电路、控制电路、主电路的顺序进行,再连接按钮,以不妨碍后续布线为基本原则。

(5)整定热继电器。

(6)连接电动机和按钮金属外壳的保护接地线。

(7)连接电动机和电源。

(8)电路检查、通电测试及排除故障。

①不通电测试。

a.按电气原理图或电气安装接线图,从电源端开始逐段核对接线及接线端子处是否正确,有无漏接、错接之处。检查导线接点是否符合要求,压接是否牢固。

b.用万用表检查电路的通断情况。检查时,应选用倍率适当的电阻挡,并进行校零,以防发生短路故障。

检查控制电路时(可断开主电路),可用万用表表笔分别搭在 FU2 的两个出线端子上(V12 和 W12),此时读数应为"∞"。按下正转起动按钮 SB1 或反转起动按钮 SB2,读数应为接触器 KM1 或 KM2 线圈的电阻值;用手压下 KM1 或 KM2 的衔铁,使 KM1 或 KM2 的动合(常开)触点闭合,读数也应为接触器 KM1 或 KM2 线圈的电阻值。同时按下 SB1 和 SB2,或者同时压下 KM1 和 KM2 的衔铁,万用表读数应为"∞"。

检查主电路时(可断开控制电路),可以用手压下接触器的衔铁来代替接触器得电吸合时的情况进行检查,依次测量从电源端到电动机出线端子上的每一相电路的电阻值,检查是否存在开路现象。

c.用绝缘电阻表检查电路的绝缘电阻,应不小于 0.5 MΩ。

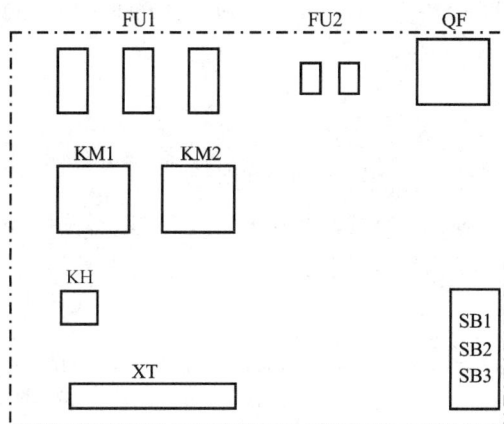

(a)电气元件布置图

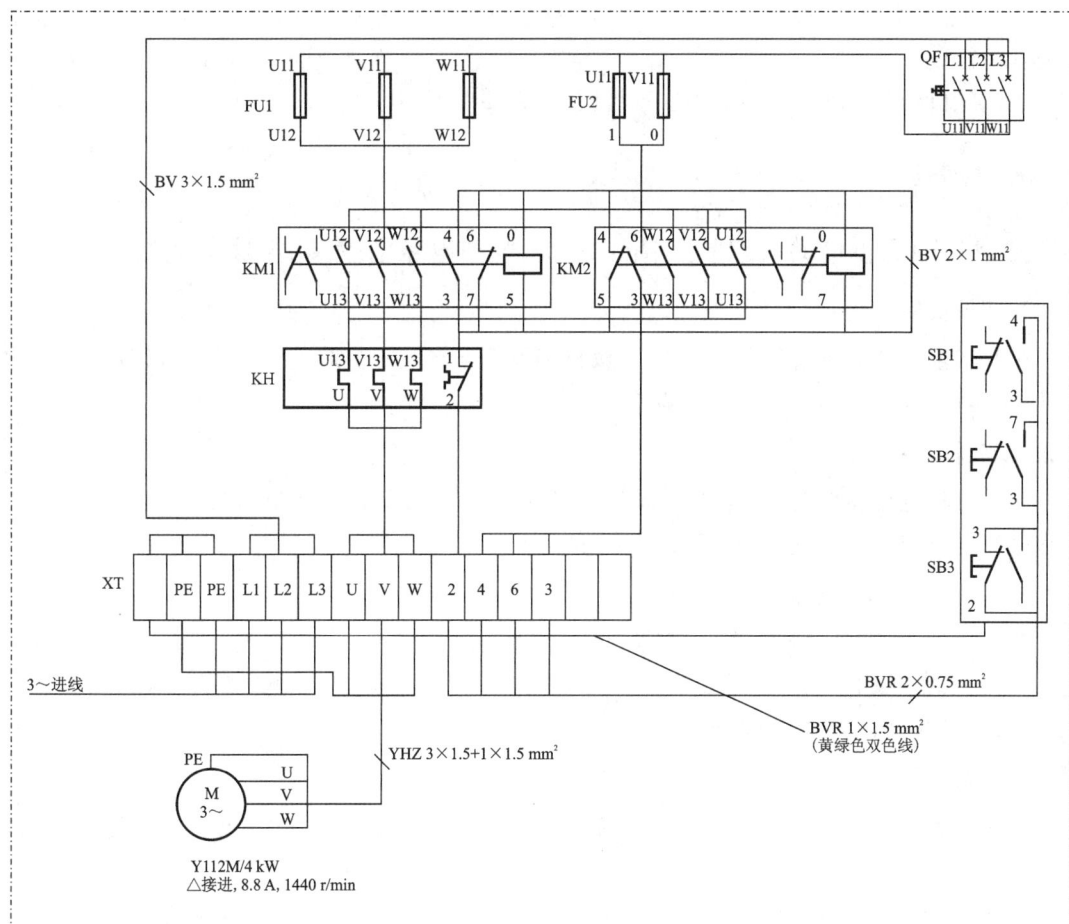

(b)电气安装接线图

图 1-52　双重联锁正、反转控制电路电气元件布置图和电气安装接线图

②通电测试。

操作相应按钮,观察电器动作情况。合上断路器 QF,引入三相电源,按下正转起动按钮 SB1,KM1 线圈得电吸合并自锁,电动机正向运转;按下反转起动按钮 SB2,KM2 线圈得电吸合自锁,电动机反向运转;同时按下 SB1 和 SB2,KM1 和 KM2 线圈都不吸合,电动机不转。按下停止按钮 SB3,电动机停止工作。

③排除故障。

操作过程中,如果出现不正常现象,应立即断开电源,分析故障原因,仔细检查电路(用万用表),在实训教师认可的情况下才能再次通电调试。

(9)试车完毕,应遵循停转、切断电源、拆除三相电源线、拆除电动机线的顺序整理线路。

(10)整理现场工具及电气元件,清理现场,根据工作过程填写任务书,整理工作资料。

三、注意事项

(1)接触器联锁触头的接线必须正确,否则会造成主电路中两相电源短路事故。

(2)通电试车时,应先合上 QF,再按下 SB1(或 SB2)及 SB3,看控制是否正常,并在按下 SB1 后再按下 SB2,观察有无联锁作用。

(3)安装完毕的电路板,必须经过认真检查后,才允许通电试车,以防止错接、漏接,造成不能正常运行或短路事故。

(4)带电检修故障时,教师必须在现场监护,并要确保用电安全。

➤ 技能训练

三相笼型异步电动机双重互锁正、反转控制电路的安装、接线与调试

1. 实训目标

理解双重互锁的作用和实现方法,识读三相笼型异步电动机双重互锁正、反转控制电路的工作原理,完成电路的安装、接线与调试。

2. 实训内容

根据三相笼型异步电动机双重互锁正、反转控制电路原理图绘制电气安装接线图,按工艺要求完成电路连接,并能进行电路的检查和故障排除。

3. 实训工具、仪表和器材

(1)工具:螺钉旋具(十字槽、一字槽)、电笔、剥线钳、尖嘴钳、老虎钳等。

(2)仪表:绝缘电阻表、万用表。

(3)器材:按照表 1-23 准备实训器材。

4. 实训步骤

按照任务实施的相关内容,完成三相笼型异步电动机双重互锁正、反转控制电路的安装、接线与调试。

5. 技能训练与成绩评定

1)技能训练

(1)在规定时间内按工艺要求完成三相笼型异步电动机双重互锁正、反转控制电路的安装、接线,且通电试验成功。

(2)安装工艺达到基本要求,线头长短适当,接触良好。

(3)遵守安全规程,做到文明生产。

2)成绩评定

(1)安装接线(40分)。

安装接线的考核要求及评分标准如表1-24所示。

表 1-24 安装接线的考核要求及评分标准

内容	考核要求	评分标准	扣分
接线端	对螺栓式接点,连接导线时,应打钩圈,并按顺时针方向旋转;对瓦片式接点,连接导线时,直接插入接点固定即可	1处错误扣2分	
	严禁损伤线芯和导线绝缘层,接点上不能露铜太多	1处错误扣2分	
	每个接线端子上连接的导线一般以不超过两根为宜,并保证接线牢固	1处错误扣1分	
电路工艺	走线合理,做到横平竖直、整齐,各接点不能松动	1处错误扣1分	
	导线出线应留有一定余量,并做到长度一致	1处错误扣1分	
	导线变换走向时要垂直,并做到高低一致或前后一致	1处错误扣1分	
	避免出现交叉线、架空线、缠绕线和叠压线的现象	1处错误扣2分	
	导线折弯应折成直角	1处错误扣1分	
整体布局	板面电路连接线应合理汇集成线束	1处错误扣1分	
	进出线应合理汇集在端子板上	1处错误扣1分	
	整体走线应合理美观	酌情扣分	

(2)不通电测试(10分,每错一处扣2分)。

①主电路测试:合上电源开关,压下接触器KM1(或KM2)的衔铁,使KM1(或KM2)的主触点闭合,测量从电源端(L1或L2或L3)到出线端子(U或V或W)上的每一相电路,将电阻值填入表1-25中。

表 1-25 不通电测试记录

测量项目	主电路			控制电路两端(V12—W12)			
电阻值	L1 相	L2 相	L3 相	按下 SB1	按下 SB2	压下 KM1 衔铁	压下 KM2 衔铁

②控制电路测试:按下按钮SB1,测量控制电路两端电阻,将电阻值填入表1-25中。按下按钮SB2,测量控制电路两端电阻,将电阻值填入表1-25中。用手压下接触器KM1衔铁,测量控制电路两端电阻,将电阻值填入表1-25中。用手压下接触器KM2衔铁,测量控制电路两端电阻,将电阻值填入表1-25中。

(3)通电测试(50分)。

在使用万用表检测后,接入电源进行通电测试。按照顺序测试电路各项功能,每错一项扣10分,扣完为止。如出现某项功能错误,后面的功能均算错。将测试结果填入表1-26中。

表 1-26　通电测试记录

操作步骤	合上 QF	按下 SB1	按下 SB2	按下 SB3,再次按下 SB1
功能是否正确				

➤ 思考与练习

一、单项选择题

1. 改变通入三相异步电动机电源的相序就可以使电动机（　　）。

A. 停转　　　　　　　　B. 减速　　　　　　　　C. 反转　　　　　　　　D. 降压起动

2. 三相异步电动机正、反转控制的关键是改变（　　）。

A. 电源电压　　　　　　B. 电源相序　　　　　　C. 电源电流　　　　　　D. 负载大小

3. 要使三相异步电动机反转,只要（　　）即可。

A. 降低电压　　　　　　　　　　　　　　B. 降低电流

C. 将任意两根电源线对调　　　　　　　　D. 降低电路功率

4. 甲乙两个接触器欲实现互锁控制,则应（　　）。

A. 在甲接触器的线圈回路中串入乙接触器的常闭触头

B. 在乙接触器的线圈回路中串入甲接触器的常闭触头

C. 在两接触器的线圈回路中互串对方的常闭触头

D. 在两接触器的线圈回路中互串对方的常开触头

5. 在操作电气互锁的正、反转控制电路时,要使电动机从正转变为反转,正确的操作方法是（　　）。

A. 直接按下反转起动按钮

B. 必须先按下停止按钮,再按下反转起动按钮

C. 必须先按下停止按钮,再按下正转起动按钮

D. 不确定

二、判断题

（　　）1. 可以通过改变通入三相异步电动机定子绕组的电源相序来实现其正、反转控制。

（　　）2. 在电气互锁的正、反转控制电路中,正、反转接触器允许同时得电。

（　　）3. 要想改变三相异步电动机的旋转方向,只要将电源相序 U、V、W 改接为 W、U、V 就可以了。

（　　）4. 在正、反转控制电路中,设置电气互锁的目的是避免正、反转接触器同时得电而造成电路电源短路。

（　　）5. 万能转换开关本身带有各种保护。

三、简答题

1. 用什么方法可以使三相异步电动机改变转向?

2.什么是互锁控制？在电动机正、反转控制电路中为什么必须有电气互锁？设置按钮互锁的目的又是什么？

3.用倒顺开关控制电动机正、反转时,为什么不允许把手柄从"顺"的位置直接扳到"倒"的位置？

4.分析双重联锁正、反转控制电路中各电气元件的作用,并分析电路的工作原理。

5.图 1-53 所示是几种正、反转控制电路,试分析各电路能否正常工作。若不能正常工作,请找出原因,并加以改正。

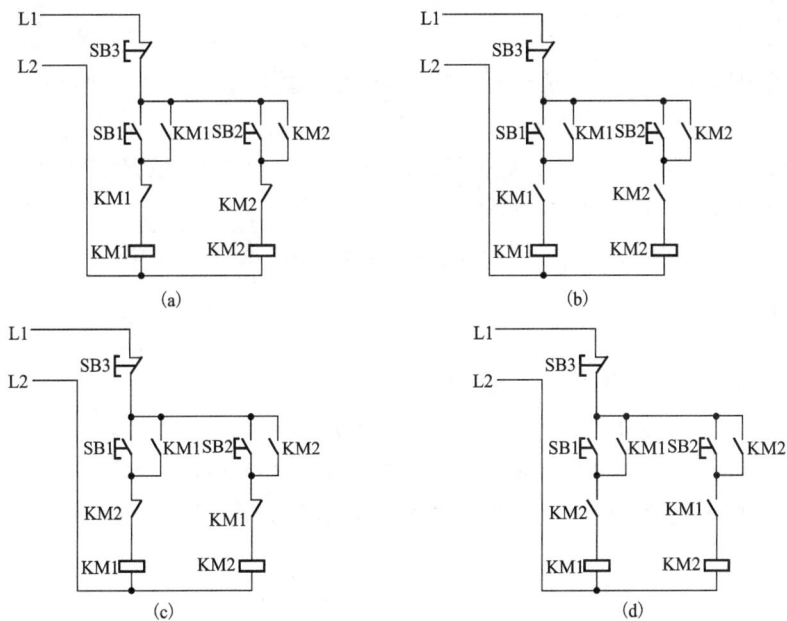

图 1-53 几种正、反转控制电路

6.请将本任务的知识点以思维导图的形式呈现出来。

◀ 任务4　三相异步电动机自动往返控制电路的安装与检修 ▶

➤ 工作任务

在生产过程中,一些生产机械运动部件的行程或位置要受到限制,或者其运动部件需要在一定范围内自动往返循环等,如摇臂钻床的摇臂上升限位保护、万能铣床工作台的自动往返等。像这种利用生产机械运动部件上的挡铁与行程开关碰撞,使其触头动作来接通或断开电路,以实现对生产机械运动部件的位置或行程的自动控制的方法称为位置控制,又称行程控制或限位控制。实现这种控制要求所依靠的主要电器是行程开关。

某运料小车由三相异步电动机驱动,自动往返运行。现要安装该小车自动往返控制电路,要求采用接触器-继电器控制,实现自动往返运行,设置短路、欠电压和失电压保护;电动机的额定电压为 380 V,额定功率为 180 W,额定电流为 0.65 A,额定转速为 1440 r/min。请完成工作台自动往返控制电路的安装、调试,并进行简单故障排查。

➤ 任务目标

(1)会正确识别、选择、安装、使用行程开关,熟悉其功能、基本结构、工作原理及型号含义,熟记其图形符号和文字符号。

(2)会正确识读三相异步电动机自动往返控制电路电气原理图,能分析其工作原理。

(3)会安装、调试三相异步电动机自动往返控制电路。

(4)能根据故障现象对三相异步电动机自动往返控制电路的简单故障进行排查。

➤ 引导问题

(1)在图 1-58 中,SQ1~SQ4 有什么区别?

(2)控制电路中有行程开关常开触头,为什么还要设置接触器自锁触头?

(3)在生产生活中,你还观察到哪些位置设有控制和自动往返控制设备?

(4)自动往返控制电路与正、反转控制电路有什么异同?

➤ 基础知识

一、行程开关

行程开关,又称限位开关或位置开关,可以完成行程控制或限位保护,广泛用于机床、起重机、自动生产线或其他机械的限位及程序控制。

行程开关的作用原理与按钮相同,区别在于它不是靠手指的按压而是利用生产机械运动部件的碰压使其触头动作,从而将机械信号转变为电信号,用以控制机械动作或用于程序控制。

1. 行程开关的结构

行程开关的种类有很多,常用的行程开关有直动式(按钮式)、单轮旋转式、双轮旋转式行程开关等,它们的外形如图 1-54 所示。

各种行程开关的基本结构大体相同,都是由操作头、触头系统和外壳组成。操作头接收机械设备发出的动作指令或信号,并将其传递到触头系统;触头再将操作头传递来的动作指令或信号,通过本身的结构功能变成电信号,输出到有关控制电路,使之做出必要的反应。直动式行程开关的结构示意图和行程开关的符号如图 1-55 所示。

图 1-54　常见行程开关的外形

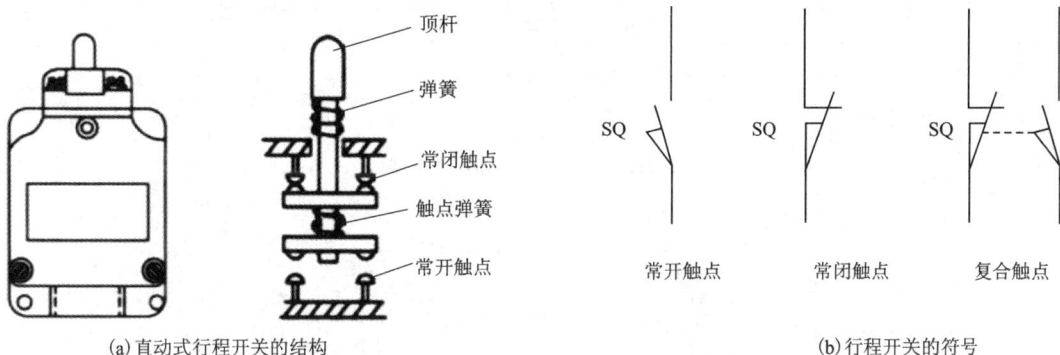

顶杆

弹簧

常闭触点

触点弹簧

常开触点

SQ　　　SQ　　　SQ

常开触点　　　常闭触点　　　复合触点

(a)直动式行程开关的结构　　　　　　　　　　(b)行程开关的符号

图 1-55　直动式行程开关的结构示意图和行程开关的符号

2. 行程开关的选择和使用

1)行程开关的选择

(1)根据安装环境选择防护形式(开启式或防护式)。

(2)根据控制电路的电压和电流选择采用何种系统的行程开关。

(3)根据机械运动部件与行程开关的传力与位移关系选择合适的头部结构形式。

2)行程开关的使用

(1)行程开关的安装位置要准确,安装要牢固,滚轮的方向不能装反,并确保能可靠地与挡铁碰撞。

(2)在使用行程开关的过程中,要对其进行定期的检查和保养,除去油垢及粉尘,清理触头,经常检查其动作是否灵活、可靠,及时排除故障。

3. 行程开关的型号含义

常规行程开关中 LX19 系列和 JLXK1 系列行程开关的型号含义如图 1-56 所示。

二、位置控制电路

位置控制(又称行程控制或限位控制)就是利用生产机械运动部件上的挡铁与行程开关碰撞,使其触头动作,来接通或断开电路,以实现对生产机械运动部件的位置或行程的自动控制。

位置控制电路如图 1-57 所示,工厂车间里的行车常采用这种电路。行车的两头终点处各安装一个行程开关 SQ1 和 SQ2,将这两个行程开关的常闭触头分别串接在正转控制电路和反

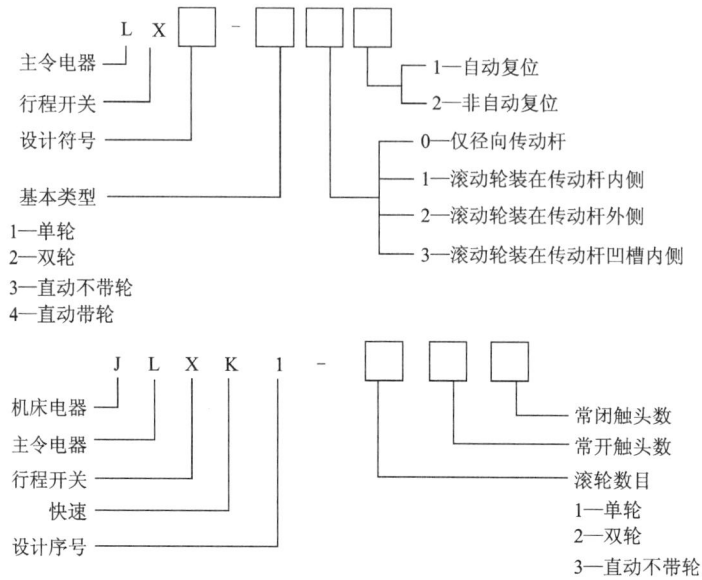

图 1-56 行程开关的型号含义

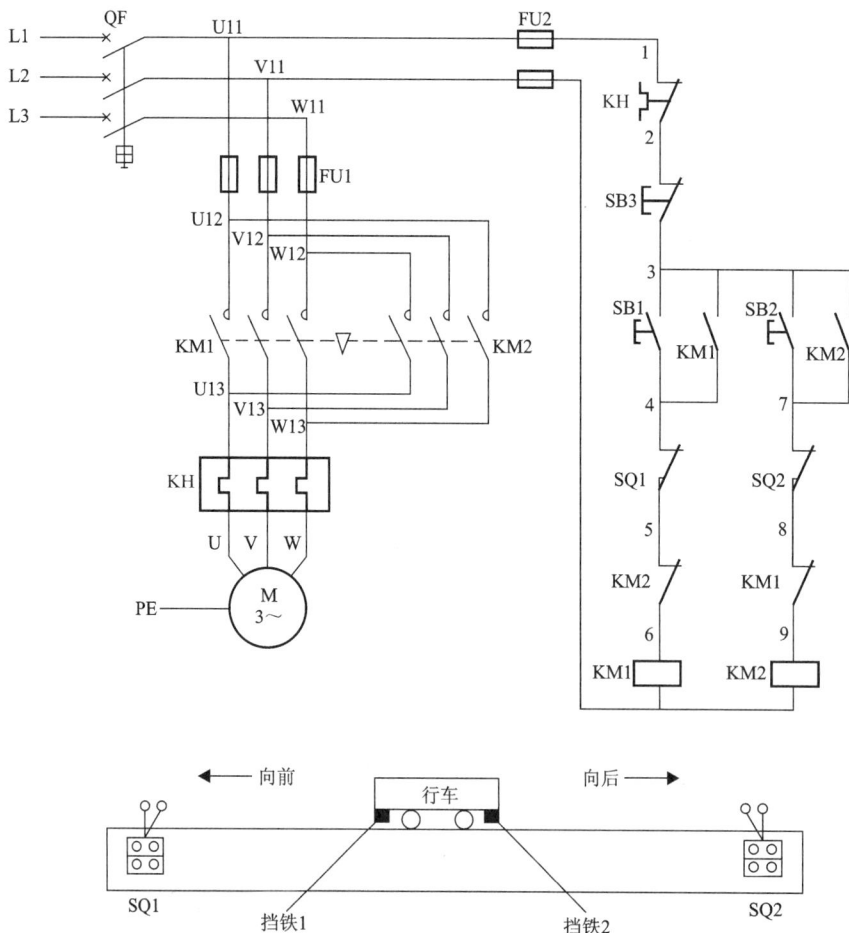

图 1-57 位置控制电路

转控制电路中。行车前、后各装有挡铁 1 和挡铁 2，行车的行程和位置可通过移动行程开关的安装位置来调节。

电路的工作过程如下。

(1)先合上电源开关 QF。

(2)行车向前运动工作过程如下：

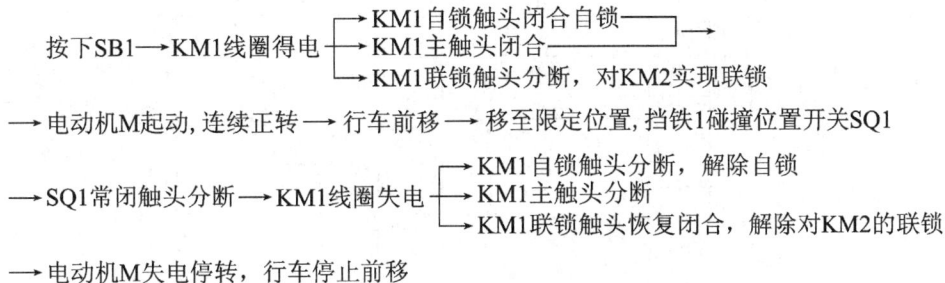

按下SB1→KM1线圈得电 → KM1自锁触头闭合自锁 → KM1主触头闭合 → KM1联锁触头分断，对KM2实现联锁 →

→ 电动机M起动，连续正转 → 行车前移 → 移至限定位置，挡铁1碰撞位置开关SQ1

→ SQ1常闭触头分断 → KM1线圈失电 → KM1自锁触头分断，解除自锁 → KM1主触头分断 → KM1联锁触头恢复闭合，解除对KM2的联锁

→ 电动机M失电停转，行车停止前移

此时，即使再按下 SB1，由于 SQ1 常闭触头已分断，接触器 KM1 线圈也不会得电，保证了行车不会超过 SQ1 所在位置。

(3)行车向后运动工作过程如下：

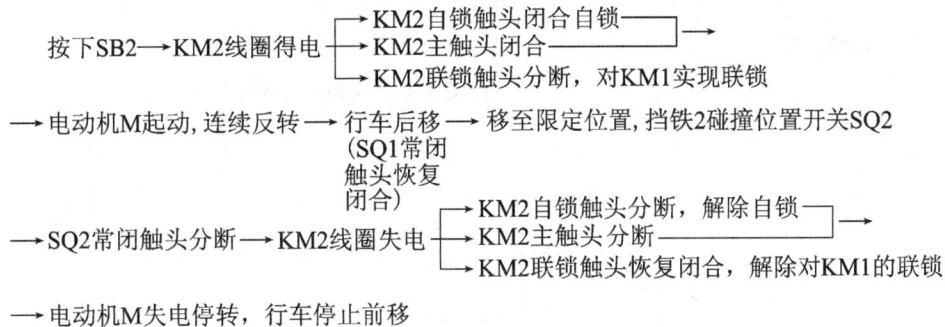

按下SB2→KM2线圈得电 → KM2自锁触头闭合自锁 → KM2主触头闭合 → KM2联锁触头分断，对KM1实现联锁 →

→ 电动机M起动，连续反转 → 行车后移 → 移至限定位置，挡铁2碰撞位置开关SQ2
　　　　　　　　　　　　　　 (SQ1常闭触头恢复闭合)

→ SQ2常闭触头分断 → KM2线圈失电 → KM2自锁触头分断，解除自锁 → KM2主触头分断 → KM2联锁触头恢复闭合，解除对KM1的联锁

→ 电动机M失电停转，行车停止前移

此时，即使再按下 SB2，由于 SQ2 常闭触头已分断，接触器 KM2 线圈也不会得电，保证了行车不会超过 SQ2 所在位置。

三、自动往返控制电路

有些生产机械，如万能铣床，要求工作台在一定的行程内能自动往返运动，以便实现对工件的连续加工，提高生产效率，而这通常是利用行程开关（或限位开关）控制电动机的正、反转来实现的。图 1-58 所示为某铣床工作台的自动往返运动示意图和控制电路图。工作台的两端有挡铁 1 和挡铁 2，机床车身上有行程开关 SQ1 和 SQ2。当挡铁碰撞限位开关后，系统将自动换接电动机正、反转控制电路，使工作台自动往返运行。SQ3 和 SQ4 为正、反向极限保护行程开关，若工作台换向时行程开关 SQ1 或 SQ2 失灵，则将由极限保护行程开关 SQ3、SQ4 来实现限位保护，及时切断电源，从而避免运动部件因超出极限位置而发生事故。

某铣床工作台自动往返控制电路的工作过程如下：先合上电源开关 QF。按下 SB1 和 SB2，电动机分别正向起动和反向起动。若起动时要工作台后退，应按下 SB2；要停止时，按下停止按钮 SB3 即可。

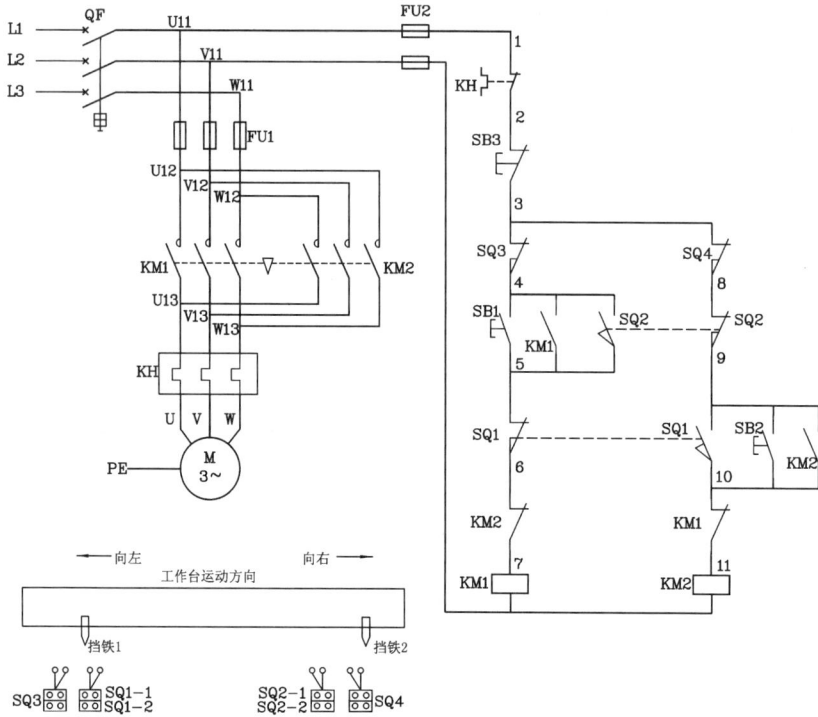

图 1-58　某铣床工作台自动往返运动示意图和控制电路图

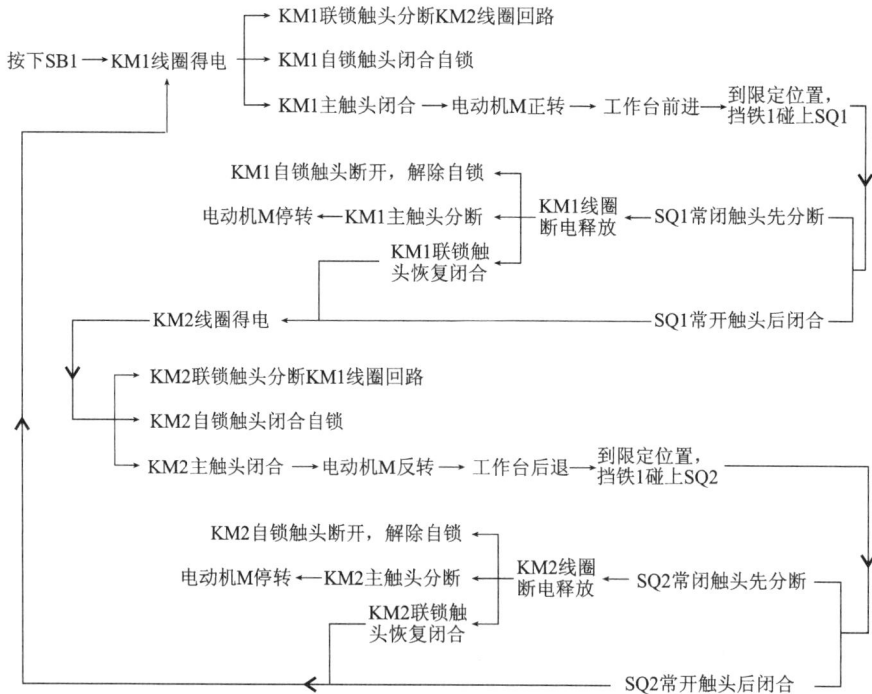

➤ 任务实施

一、所需的工具、材料

(1)图 1-58 所示为自动往返电路安装所需工具,有常用电工工具、万用表等。

(2)所需材料见表 1-27。

表 1-27　电气元件明细表

图上代号	元件名称	型号规格	数量	备注
M	三相交流 异步电动机	Y112M-4/4 kW, △接法 380 V,8.8 A,1440 r/min	1	
QF	自动开关	C65ND10/3P	1	
FU1	熔断器	RL1-60/25 A	3	
FU2	熔断器	RL1-15/2 A	2	
KM1,KM2	交流接触器	CJ10-10,380 V	1	
KH	热继电器	JR36-20/3,整定电流 8.8 A	1	
SB1	正转按钮		1	绿色
SB2	反转按钮	LA10-3H	1	黑色
SB3	停止按钮		1	红色
SQ1、SQ2	行程开关	JLXK1-U1	2	
XT	接线端子	JX2-Y010	2	
	导线	BVR 1.5 mm², 1 mm²	若干	
	冷压接头	1.5 mm,1 mm	若干	
	塑料线槽	40 mm×40 mm	5 m	
	缠绕管	中 8 mm	1 m	
	记号笔	黑色	1	
	网孔板	800 mm×600 mm	1	

二、安装步骤及工艺要求

(1)检测电气元件。

根据表 1-27 配齐所用电气元件,其各项技术指标均应符合规定要求,目测其外观无损坏,手动触头动作灵活,并用万用表进行质量检验,如不符合要求,则予以更换。

(2)根据控制电路图绘制电气元件布置图。

工作台自动往返控制电路电气元件布置图如图 1-59 所示。

(3)绘制电气安装接线图。

工作台自动往返控制电路的电气安装接线图如图 1-60 所示。

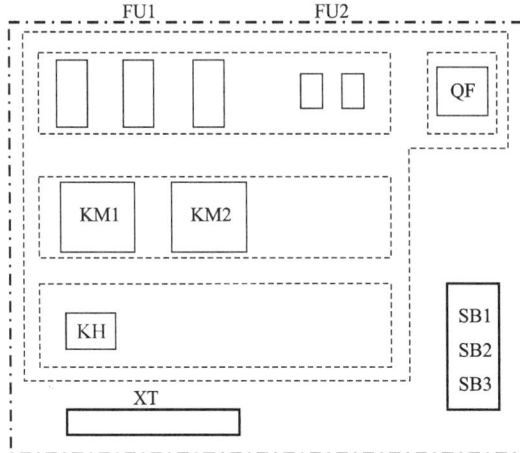

图 1-59 工作台自动往返控制电路电气元件布置图

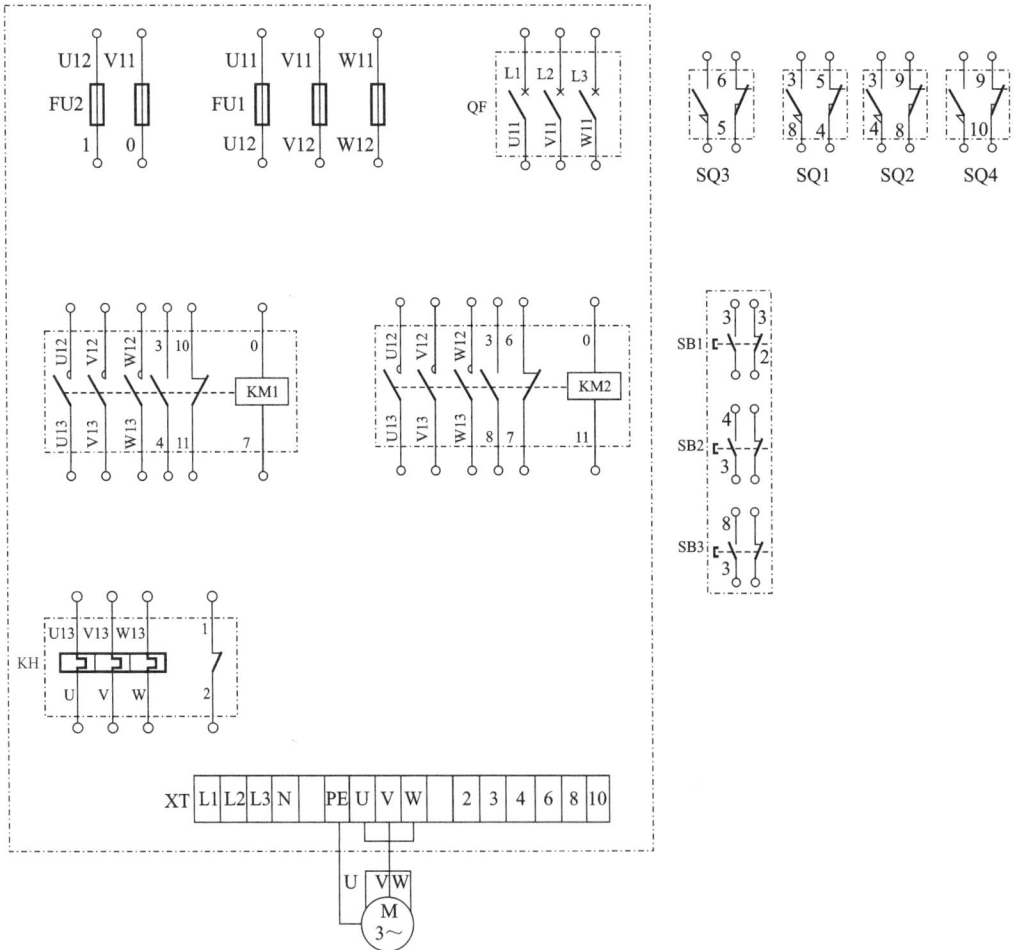

图 1-60 工作台自动往返控制电路的电气安装接线图

(4)安装电路板。

①根据电气元件布置图安装元件,安装线槽。各元件的安装位置整齐、匀称,间距合理,元件的接线端子与线槽直线距离为30 mm,便于元件的更换和接线。

②布线。布线时以接触器为中心,由里向外、由低至高,按电源电路、控制电路、主电路进行的顺序,以不妨碍后续布线为基本原则。同时,布线应层次分明,不得交叉。布线完成后,清理线槽内杂物并梳理好导线。盖好线槽盖板,整理线槽外部线路,保持导线的高度一致性。安装按钮、行程开关,并与控制板连接(在实际生产设备中,按钮、行程开关安装在机械设备上)。

(5)整定热继电器。

(6)连接电动机和按钮金属外壳的保护接地线。

(7)连接电动机和电源。

(8)通电前检测。

①对照控制电路图、电气安装接线图检查,确保连接无遗漏。

②用万用表检测:在确保电源切断的情况下,分别测量主电路、控制电路通断是否正常。

a.未压下KM1时测L1—U、L2—V、L3—W间的通断情况,压下KM1后再次测量L1—U、L2—V、L3—W间的通断情况。

b.未按下正转起动按钮SB1时,测量控制电路电源两端(U11—V11)的通断情况。

c.按下正转起动按钮SB1后,测量控制电路电源两端(U11—V11)的通断情况。

d.按下反转起动按钮SB2后,测量控制电路电源两端(U11—V11)的通断情况。

(9)故障排查。

①故障现象。

按下起动按钮SB1,工作台无反应;按下起动按钮SB2,电动机可以带动工作台向右运行,到SQ2处工作台停止运行。

②故障检修。

针对上述故障现象,可按下述检修步骤及方法进行故障排除。

a.用通电试验法观察故障现象。实验过程中,若电动机能完成反转运行,则初步判断电动机反转主电路无故障。

b.用逻辑分析法缩小故障范围,并在电路图中标出故障部位的最小范围。根据现象"按下起动按钮SB2,电动机可以带动工作台向右运行,到SQ2处工作台停止运行",初步判断反转运行控制电路无故障,故障可能出现在正转运行控制电路及主电路处,在电路上标出可能的故障点。

c.用测量法正确、迅速地找出故障点,可以采用电阻分阶测量法或电压分阶测量法。

d.排除故障后通电试车。

(10)通电试车。试车时注意观察接触器情况,观察电动机运转是否正常,若有异常现象应马上停车。

(11)试车完毕,应遵循停转、切断电源、拆除三相电源线、拆除电动机线的顺序整理电路。

(12)整理现场工具及电气元件,清理现场,根据工作过程填写任务书,整理工作资料。

三、注意事项

(1)注意接触器KM1、KM2联锁的接线务必正确,否则会造成主电路中两相电源短路。

(2)注意接触器KM1、KM2换相正确,否则会造成电动机不能反转。

（3）螺旋式熔断器的接线务必正确，以确保安全。

（4）行程开关安装后，应检查手动动作是否灵活。

（5）通电试车时，扳动行程开关 SQ1，接触器 KM1 不断电释放，可能是 SQ1 和 SQ2 接反；如果扳动行程开关 SQ1，接触器 KM1 断电释放，KM2 闭合，电动机不反转，且继续正转，可能是 KM2 的主触头接线错误。若发生这两种情况中任意一种，都应断电纠正后再试。

（6）编码套管要正确。

（7）线槽盖板应成 90° 对接，控制板外配线必须加以防护，以确保安全。

（8）电动机及按钮金属外壳必须保护接地。

（9）通电试车、调试及检修时，必须在指导教师的监视和允许下进行。

（10）要做到安全操作和文明生产。

➤ 技能训练

三相笼型异步电动机自动往返控制电路的安装、接线与调试

1. 实训目标

理解自动往返控制电路的实现方法，识读三相笼型异步电动机自动往返控制电路的工作原理，完成电路的安装、接线与调试。

2. 实训内容

根据三相笼型异步电动机自动往返控制电路电气原理图绘制电气安装接线图，按工艺要求完成电路连接，并能进行电路的检查和故障排除。

3. 实训工具、仪表和器材

（1）工具：螺钉旋具（十字槽、一字槽）、电笔、剥线钳、尖嘴钳、老虎钳等。

（2）仪表：绝缘电阻表、万用表。

（3）器材：按照表 1-27 准备器材。

4. 实训步骤

根据任务实施的相关内容，完成三相笼型异步电动机自动往返控制电路的安装、接线与调试。

5. 技能训练与成绩评定

1）训练要求

（1）在规定时间内按工艺要求完成三相笼型异步电动机自动往返控制电路的安装接线，且通电试验成功。

（2）安装工艺达到基本要求，线头长短适当、接触良好。

（3）遵守安全规程，做到文明生产。

2）成绩评定

（1）安装接线（40 分）。

安装接线的考核要求及评分标准见表 1-24。

（2）不通电测试（10 分，每错一处扣 2 分）。

①主电路测试：合上电源开关，压下接触器 KM1（或 KM2）的衔铁，使 KM1（或 KM2）的主触点闭合，测量从电源端（L1 或 L2 或 L3）到出线端子（U 或 V 或 W）上的每一相电路，将电阻

值填入表 1-28 中。

表 1-28 三相笼型异步电动机自动往返控制电路的不通电测试记录

测量项目	主电路			控制电路两端（V12—W12）					
电阻值	L1 相	L2 相	L3 相	按下 SB2	按下 SB3	压下 KM1 衔铁	压下 KM2 衔铁	按下 SQ1	按下 SQ2

②控制电路测试：按下按钮 SB1，测量控制电路两端电阻，将电阻值填入表 1-28 中；按下 SB2 按钮，测量控制电路两端电阻，将电阻值填入表 1-28 中。用手压下接触器 KM1 衔铁，测量控制电路两端电阻，将电阻值填入表 1-28 中；用手压下接触器 KM2 衔铁，测量控制电路两端电阻，将电阻值填入表 1-28 中。用手按下 SQ2，测量控制电路两端电阻，将电阻值填入表 1-28 中；用手按下 SQ1，测量控制电路两端电阻，将电阻值填入表 1-28 中。

（3）通电测试（50 分）。

在使用万用表检测后，接入电源通电测试。按照顺序测试电路各项功能，每错一项扣 10 分，扣完为止。如出现某项功能错误，后面的功能均算错。将测试结果填入表 1-29 中。

表 1-29 三相笼型异步电动机自动往返控制电路的通电测试记录

操作步骤	合上 QF	按下 SB1	按下 SQ2	按下 SQ1	按下 SB2	按下 SB3	按下 SB2
功能是否正确							

➤ 思考与练习

一、单项选择题

1. 在操作双重互锁的正、反转控制电路时，要使电动机从正转变为反转，正确的操作方法是（　　）。

　A. 直接按下反转起动按钮

　B. 必须先按下停止按钮，再按下反转起动按钮

　C. 必须先按下停止按钮，再按下正转起动按钮

　D. 不确定

2. 行程开关是一种将（　　）转换为电信号的控制电器。

　A. 机械信号　　　　　B. 弱电信号　　　　　C. 光信号　　　　　D. 热能信号

3. 自动往返控制电路属于（　　）电路。

　A. 自锁控制　　　　　B. 点动控制　　　　　C. 正反转控制　　　　　D. 顺序控制

4. 完成工作台自动往返行程控制要求的主要电气元件是（　　）。

　A. 接触器　　　　　B. 行程开关　　　　　C. 按钮　　　　　D. 组合开关

5. 在图 1-58 所示的电路中，分析限位开关 SQ1、SQ2、SQ3、SQ4 的作用：（　　）用于右端极限保护，防止工作台越过限定位置而造成事故；（　　）用来发出左行自动向右行转换的控制信号。

　A. SQ3、SQ2　　　　　B. SQ3、SQ1　　　　　C. SQ4、SQ1　　　　　D. SQ4、SQ2

二、判断题

（　　）1. 双重互锁正、反转控制电路的优点是工作安全可靠、操作方便。

（　　）2. 行程开关是一种将机械信号转换为电信号以控制运动部件位置和行程的低压电器。

（　　）3. 在正、反转控制电路中，设置按钮互锁的目的是避免正、反转接触器线圈同时得电而造成主电路电源两相间短路。

（　　）4. 在具有双重互锁的正、反转控制电路中，可以实现正转到反转的直接切换。

（　　）5. 在正、反转控制电路中，按钮互锁是将正、反转起动按钮的常闭触头相互串接在反、正转接触器线圈回路中实现的。

三、分析简答题

1. 分析图 1-61 所示电路，回答下列问题：

(1) 说明 SA 和 SQ1～SQ4 的作用。

(2) 识读电路的工作过程。

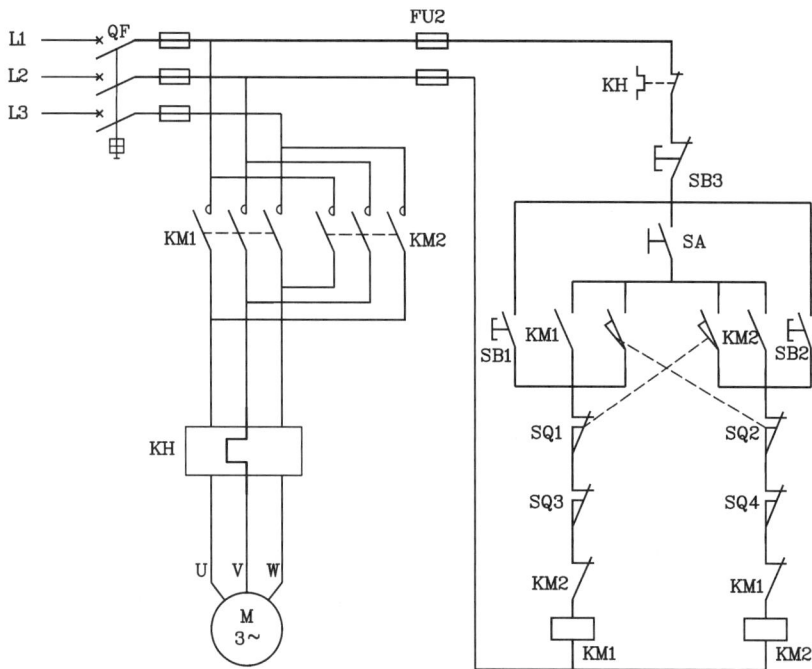

图 1-61　控制电路示例

2. 行程开关和按钮有何区别？分别画出行程开关、按钮的常开触头和常闭触头符号。

3. 请将本任务的知识点以思维导图的形式呈现出来。

◄ 任务 5 三相异步电动机顺序控制电路的安装与检修 ►

➤ 工作任务

在装有多台电动机的生产机械上,各电动机所起的作用不同,有时需要按一定的顺序起动或停止,才能保证操作过程的合理和工作的安全可靠。例如,CA6140 车床中,要求主轴电动机起动后冷却泵电动机才能起动,主轴电动机停止时冷却泵电动机也停止;M7130 平面磨床中,要求砂轮电动机起动后冷却泵电动机才能起动,砂轮电动机停止时冷却泵电动机也停止;X62W 万能铣床中,主轴起动后进给电动机才能起动,主轴电动机停止时进给电动机也停止;皮带输送机中,要求前级输送带起动后后级输送带才能起动,停止时要求后级输送带停止后,前级输送带才能停止。这种要求几台电动机的起动或停止必须按一定先后顺序来完成的控制方式叫作顺序控制。

➤ 任务目标

(1)会识读顺序控制电路图。
(2)会选用元件和导线。
(3)根据线路图安装顺序控制电路。
(4)了解顺序控制的种类。
(5)正确调试顺序控制电路。
(6)能正确、快速地排除线路出现的故障。

➤ 引导问题

(1)什么是顺序控制?
(2)顺序控制电路有什么特点?
(3)设计两台电动机的顺序控制电路。要求:
①若第一台电动机不起动,第二台电动机就无法起动。
②停止时两台电动机同时停止。
③当其中一台电动机发生过载时,两台电动机都必须停转。
④用主电路实现控制。
⑤线路具有短路、过载、失电压及欠电压等保护。
⑥简述你所设计的控制电路的工作原理。

➤ 基础知识

现在要安装两台风机电气控制柜,要求两台风机电动机采用接触器-继电器控制,一台风机起动后,另一台风机才能起动,停止时,两台风机同时停止,设置短路、过载、欠电压和失电压保护。两台风机电动机的额定电压为 380 V,额定功率为 180 W,额定电流为 0.65 A,额定转速为 1440 r/min。请完成两台风机运行控制电路的安装、调试,并进行简单故障排查。

一、主电路顺序控制

图 1-62 为主电路顺序控制电路图,其特点是电动机 M2 的主电路接在 KM1 主触头的下面。

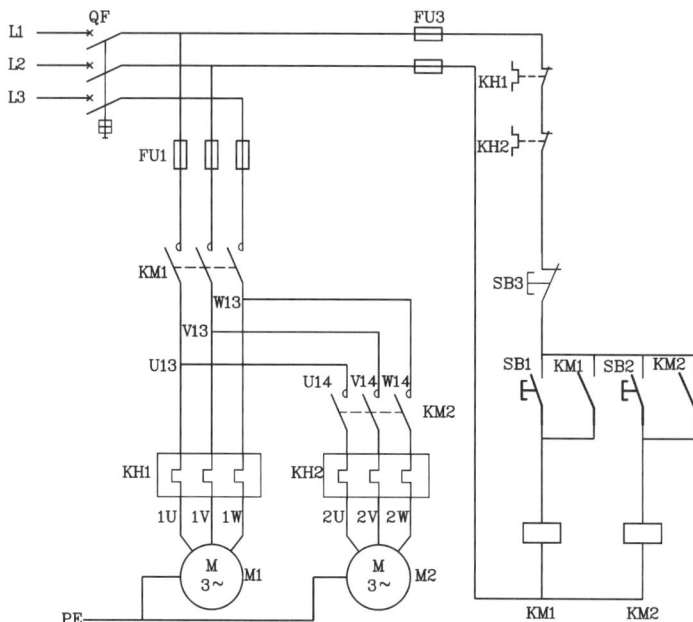

图 1-62 主电路顺序控制电路图

电动机 M1 和 M2 分别通过接触器 KM1 和 KM2 来控制,接触器 KM2 的主触头接在接触器 KM1 主触头的下面,这样就保证了当 KM1 主触头闭合,电动机 M1 起动运行后,电动机 M2 才能接通电源而运行。

工作过程分析如下。

(1)首先合上电源开关 QF。

(2)起动过程:

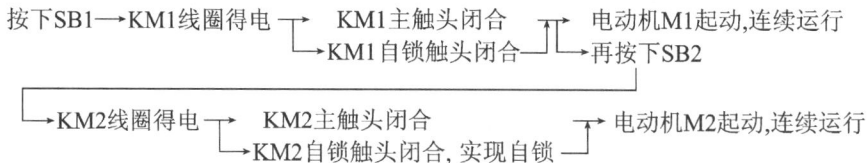

(3)停止过程:

按下 SB3 → KM1、KM2 线圈失电 → KM1、KM2 主触头断开 → M1、M2 电动机失电,停止转动

主电路顺序控制电路多用于小功率电动机或机床设备中主机与冷却泵电动机顺序控制。例如,CA6140 车床中主机与冷却泵电动机的顺序控制、M7130 平面磨床中砂轮电动机与冷却泵电动机的顺序控制等。

二、控制电路顺序控制

1. 顺序起动同时停止控制电路

图 1-63 所示为两台电动机的顺序起动同时停止控制电路。该电路的控制特点：一是电动机 M1 起动后电动机 M2 才能起动；二是两台电动机同时停止。

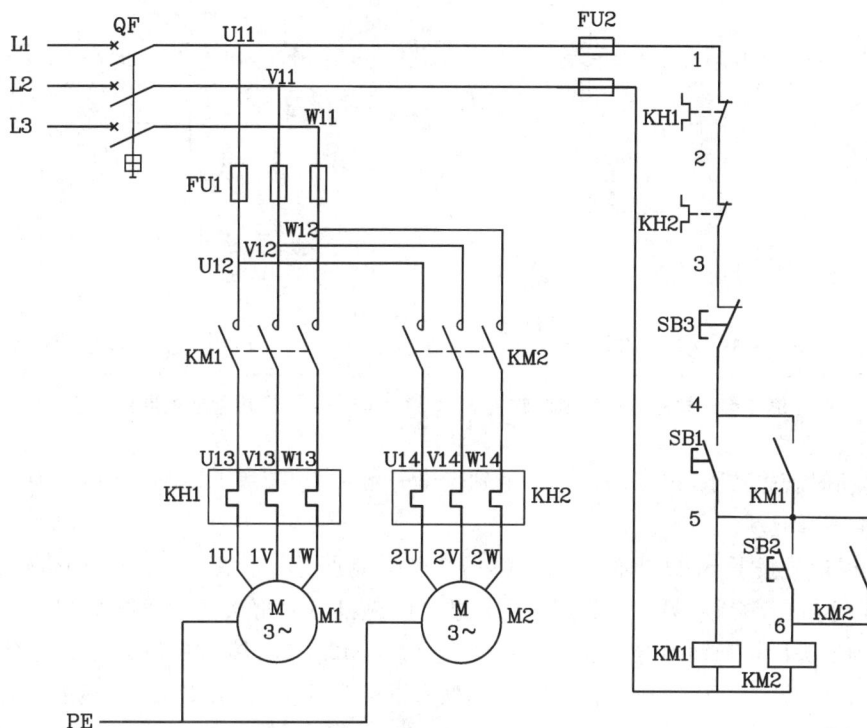

图 1-63　顺序起动同时停止控制电路

由图 1-63 中的控制电路部分可知，控制电动机 M2 的接触器 KM2 线圈接在接触器 KM1 的辅助常开触头之后，这就保证了只有在 KM1 线圈通电、其主触头和辅助常开触头接通、电动机 M1 起动之后，电动机 M2 才能起动。而且，如果由于某种原因如过载或欠电压等，接触器 KM1 线圈断电或使电磁机构释放，引起 M1 停转，那么接触器 KM2 线圈也立即断电，使电动机 M2 停止，即 M1 和 M2 同时停止。若按下停止按钮 SB3，电动机 M1 和 M2 也会同时停止。

2. 顺序起动单独停止控制电路

图 1-64 所示为顺序起动单独停止控制电路，该电路的特点：一是电动机 M1 起动后电动机 M2 才能起动；二是可以同时停止，也可以 M2 先单独停止，然后 M1 停止。

3. 顺序起动逆序停止控制电路

图 1-65 所示是电动机的顺序起动逆序停止控制电路，其控制特点是起动时必须先起动电动机 M1，然后才能起动电动机 M2；停止时必须先停止电动机 M2，然后电动机 M1 才能停止。

两台电动机顺序控制电路工作过程分析如下。

(1) 合上电源开关 QF，主电路和控制电路接通电源，此时电路无动作。

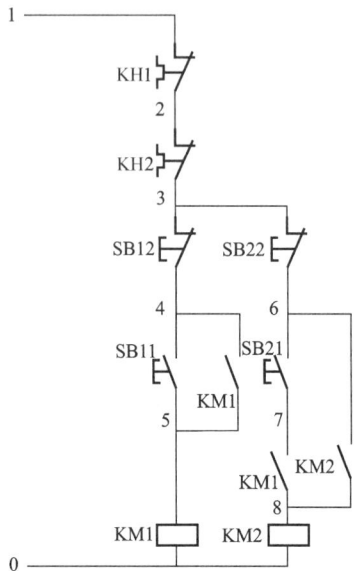

图 1-64　顺序起动单独停止控制电路　　　图 1-65　顺序起动逆序停止控制电路

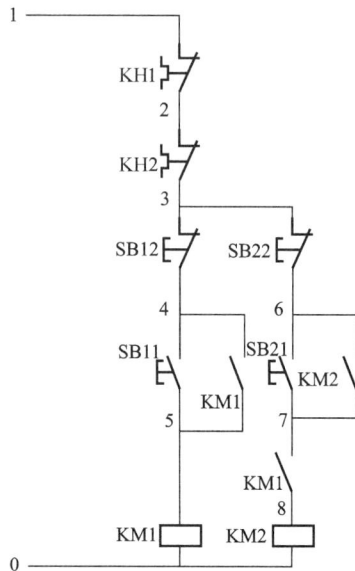

（2）起动时若先按下 SB21，因 KM1 的辅助常开触头断开，故 KM2 的线圈不可能通电，电动机 M2 也不会起动。

（3）此时应先按下 SB11，KM1 线圈通电，主触头接通使电动机 M1 起动；两个辅助常开触头也接通，一个实现自锁，另一个为起动电动机 M2 做准备。再按下 SB21，KM2 线圈因 KM1 的辅助常开触头已接通而通电，主触头接通使电动机 M2 起动，辅助常开触头接通，实现自锁。

（4）停止时若先按下 SB12，因 KM2 的辅助常开触头的接通，故 KM1 的线圈不可能断电，电动机 M1 不可能停止。

（5）此时应先按下 SB22，KM2 线圈断电，主触头断开使电动机 M2 停止；两个辅助常开触头断开，一个解除自锁，另一个为停止电动机 M1 做准备。再按下 SB12，KM1 线圈断电，主触头断开使电动机 M1 停止，辅助常开触头断开，解除自锁。

（6）若任意一台电动机发生过载现象，则两台电动机都会停止。

➤ 任务实施

一、使用材料、工具与仪表

（1）图 1-63 所示两台电动机顺序起动同时停止控制电路所需工具与仪表包括：螺钉旋具、尖嘴钳、斜嘴钳、剥线钳、万用表等。

（2）本任务所需材料明细表见表 1-30。

表 1-30　两台电动机顺序起动同时停止控制电路电气元件明细表

序号	代号	名称	型号	规格	数量
1	M	三相交流异步电动机	YS6324	380 V，180 W，0.65 A，1440 r/min	2
2	QF	断路器	DZ47-63	380 V，25 A，整定电流 20 A	1

续表

序号	代号	名称	型号	规格	数量
3	FU1	熔断器	RL1-60/25A	500 V,60 A,配 25 A 熔体	3
4	FU2	熔断器	RT18-32	500 V,配 2 A 熔体	2
5	KM	交流接触器	CJX-22	线圈电压 220 V,20 A	2
6	SB	按钮	LA-18	5 A	3
7	KH	热继电器	JR16-20/3	三相,20 A,整定电流 1.55 A	2
8	XT	端子板	TB1510	600 V,15 A	1
9		电路板安装套件			1

二、安装步骤及工艺要求

（1）根据表 1-30 配齐所用电气元件，并检查元件质量。

（2）根据图 1-63 画出电气元件布置图（图 1-66），并完成电气安装接线图（图 1-67）。

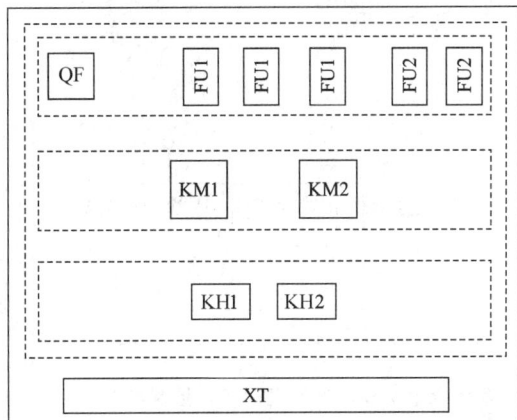

图 1-66　电气元件布置图

（3）根据电气元件布置图安装元件，安装线槽，各元件的安装位置整齐、匀称、间距合理。

（4）按从控制电路到主电路的顺序进行布线，以不妨碍后续布线为基本原则。同时，布线应层次分明，不得交叉。

（5）整定热继电器。

（6）连接电动机和按钮金属外壳的保护接地线。

（7）连接电动机和电源。

（8）检查。通电前，应认真检查有无错接、漏接等会造成不能正常运转或短路事故的现象。

①对照控制电路图、电气安装接线图检查，确保连接无遗漏。

②万用表检测：在确保电源切断的情况下，分别测量主电路、控制电路的通断是否正常。

a.未压下 KM1、KM2 时，测 L1—U1、L2—V1、L3—W1、L1—U2、L2—V2、L3—W2 的通断情况，压下 KM1 后再次测量 L1—U1、L2—V1、L3—W1 的通断情况。

b.压下 KM2 后再次测量 L1—U2、L2—V2、L3—W2 的通断情况。

c.未按下第 1 台电动机起动按钮 SB1 时，测量控制电路电源两端（U11—V11）的通断情况。

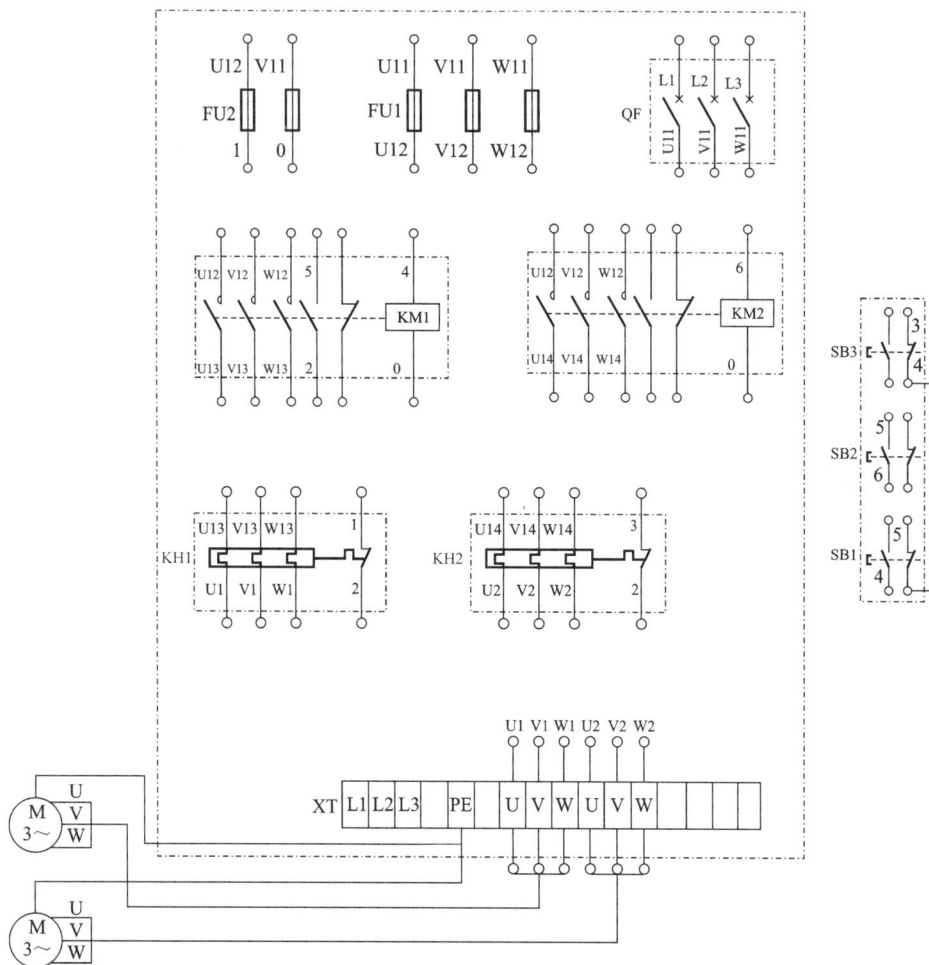

图 1-67　两台电动机顺序起动同时停止控制电路电气安装接线图

d. 按下第 1 台电动机起动按钮 SB1 后,测量控制电路电源两端(U11—V11)的通断情况。

e. 按下第 2 台电动机起动按钮 SB2 后,测量控制电路电源两端(U11—V11)的通断情况。

(9)通电试车。试车时,注意观察接触器情况,观察电动机运转是否正常,若有异常现象应马上停车。

①为保证人身安全,在通电试车时,要认真执行安全操作规程的有关规定,一人监护,一人操作。试车前,应检查与通电试车有关的电气设备是否有不安全的因素,若有,应立即整改,然后方能试车。

②通电试车须在指导教师监护下进行,根据电路图的控制要求独立测试。观察电动机有无振动及异常噪声,若发现故障,及时断电,查找并排除故障。

(10)试车完毕,应遵循停转、切断电源、拆除三相电源线、拆除电动机线的顺序整理电路。

(11)故障排查。

①故障现象:按下起动按钮 SB1,两台电动机同时运行。

②故障检修:针对上述故障现象,可按下述检修步骤及方法进行故障排除。

a. 用通电试验法观察故障现象。试验过程中,若按下起动按钮 SB1,两台电动机同时运行,则初步判断主电路无故障,故障点在控制电路。

b.用逻辑分析法缩小故障范围,并在电路图中标出故障部位的最小范围。根据故障现象,初步判断故障可能出现在按钮 SB2 或 KM2 自锁触头处,在电路图中标出可能的故障点,如图 1-68 所示。

c.用测量法正确、迅速地找出故障点,可以采用电阻分阶测量法或电压分阶测量法。建议采用电阻分阶测量法测量 5～6 点之间的电阻,若万用表显示电阻为 0,则可以判定故障是 5～6 点之间短接,由此可知,可能是按钮 SB2 损坏或常开触头和常闭触头接反。

d.排除故障后通电试车。通电试车后,断开电源,先拆除三相电源线,再拆除电动机负载线。

三、注意事项

(1)通电试车前,应熟悉电路的操作顺序,即先合上电源开关 QF,然后按下 SB1,再按下 SB2 顺序起动,按下 SB3 停止。

(2)通电试车时,注意观察电动机、各电气元件及电路各部分工作是否正常。若发现异常情况,必须立即切断电源开关 QF,而不是按下 SB3,因为此时停止按钮 SB3 可能已失去作用。

(3)通电校验时,指导教师必须在现场监护。学生应根据电路的控制要求独立进行校验,若发现故障也应自行排除。

(4)安装训练应在规定的时间内完成,同时要做到安全操作和文明生产。

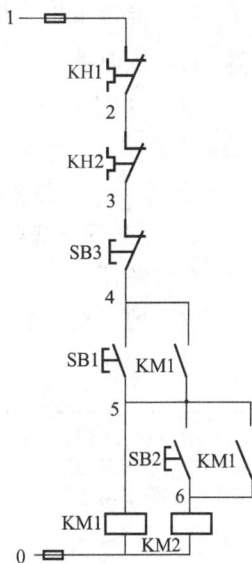

图 1-68　两台电动机顺序控制电路故障排查

➤ 技能训练

两台电动机顺序起动同时停止控制电路安装与调试

1. 实训目标

理解两台电动机顺序启动同时停止的实现方法,识读两台三相笼型异步电动机顺序起动同时停止控制电路的工作原理,完成电路的安装、接线与调试。

2. 实训内容

根据两台三相笼型异步电动机动顺序启动同时停止控制电路图绘制电气安装接线图,并按工艺要求完成电路连接,并能进行电路的检查和故障排除。

3. 实训工具、仪表和器材

(1)工具:螺钉旋具(十字槽、一字槽)、电笔、剥线钳、尖嘴钳、老虎钳等。

(2)仪表:绝缘电阻表、万用表。

(3)器材:按照表 1-30 准备。

4. 实训步骤

根据任务实施的相关内容,完成两台电动机顺序起动同时停止控制电路的安装、接线与调试。

5.技能训练与成绩评定

1)训练要求

(1)在规定时间内按工艺要求完成两台三相笼型异步电动机顺序控制电路的安装,且通电试验成功。

(2)安装工艺达到基本要求,线头长短适当,接触良好。

(3)遵守安全规程,做到文明生产。

2)成绩评定

安装的考核要求及评分标准如表1-31所示。

表 1-31　顺序控制电路的安装考核要求及评分标准

情境内容	配分	评分标准	扣分
识读电路图	15	(1)不能正确识读电气元件,每处扣1分; (2)不能正确分析该电路工作原理,扣5分	
装前检查	5	电气元件漏检或错检,每处扣1分	
安装电气元件	15	(1)不按布置图安装,扣15分; (2)电气元件安装不牢固,每只扣4分; (3)电气元件安装不整齐、不均匀、不合理,每只扣3分; (4)损坏电气元件,扣15分	
布线	30	(1)不按电路图接线,扣25分; (2)布线不符合要求,主电路中每根扣4分,控制电路中每根扣2分; (3)接点不符合要求,每个接点扣1分; (4)损伤导线绝缘层或线芯,每根扣5分; (5)漏装或套错编码套管,每个扣1分	
通电试车	30	(1)第一次试车不成功,扣2分; (2)第二次试车不成功,扣20分; (3)第三次试车不成功,扣30分	
资料整理	5	任务单填写不完整,扣2~5分	
安全文明生产		违反安全文明生产规定,扣2~40分	
定额时间2 h		每超时5 min以内以扣3分计算,但总扣分不超过10分	
备注		除定额时间外,各情境的最高扣分不应超过配分数	
开始时间:		结束时间:	得分:

➤ 思考与练习

1.试分析图1-69所示控制电路的工作原理,并说明该电路属于哪种顺序控制电路。

2.图1-70为三个传送带运输机的示意图,对于这三个传送带运输机的电气要求是:

(1)起动顺序为1号、2号、3号,即顺序起动,以防止货物在传送带上堆积;

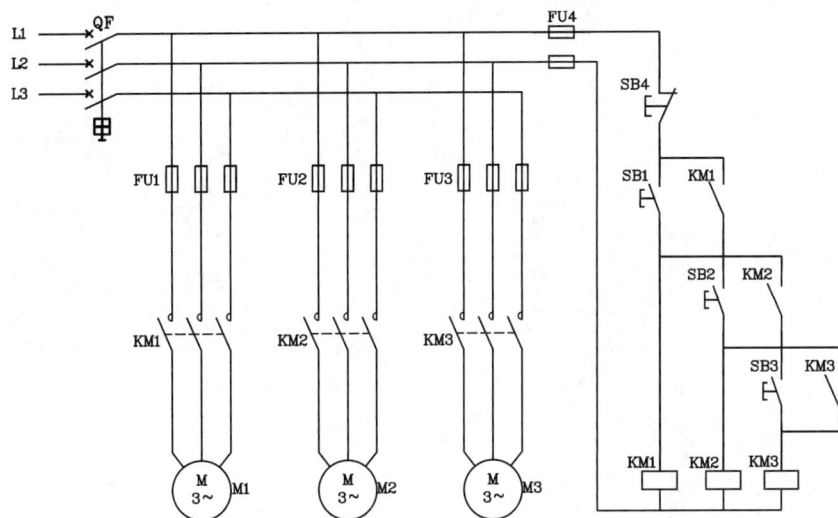

图 1-69 控制电路示例

(2)停止顺序为 3 号、2 号、1 号,即逆序停止,以保证停车后传送带上不残存货物;

(3)当 1 号或 2 号出现故障停止时,3 号能随即停止,以免继续进料。

试画出三个传送带运输机的控制电路图,并叙述其工作原理。

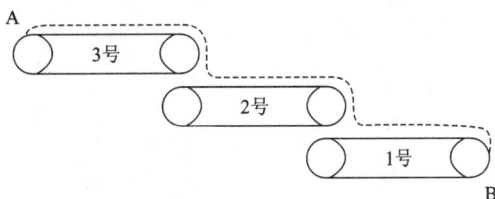

图 1-70 传送带运输机示意图

3.请将本任务的知识点以思维导图的形式呈现出来。

项目 2
三相异步电动机降压起动控制电路设计、安装与调试

2

　　起动时加在电动机定子绕组上的电压为电动机的额定电压,属于全压起动,也称为直接起动。直接起动的优点是所用电气设备少,线路简单,维修量较小。但直接起动时的起动电流较大,一般为额定电流的 4～7 倍,在电源变压器容量不够大而电动机功率较大的情况下,直接起动将导致电源变压器输出电压下降,不仅会减小电动机本身的起动转矩,而且会影响同一供电线路中其他电气设备的正常工作。因此,较大容量的电动机起动时,需要采用降压起动的方法。本任务就是安装与检修三相笼型异步电动机降压起动控制电路,常见的降压起动方法有定子绕组串接电阻降压起动、自耦变压器降压起动、Y-△降压起动、延边三角形降压起动等。

学习目标

知识目标

(1)掌握时间继电器的识别及使用方法。

(2)掌握三相异步电动机降压起动的控制要求。

(3)能够正确分析三相异步电动机降压起动控制电路的工作原理。

能力目标

(1)能够根据实际电路的控制要求选择合适的降压起动电路。

(2)能够完成三相异步电动机降压起动控制电路的安装与调试。

(3)能够检查并排除三相异步电动机降压起动控制电路的故障。

素质目标

(1)学生应树立职业意识,并按照企业的"6S"(整理、整顿、清扫、清洁、素养、安全)质量管理体系要求自己。

(2)操作过程中,必须时刻注意安全用电,严格遵守电工安全操作规程。

(3)爱护工具和仪器仪表,自觉做好维护和保养工作。

(4)具有吃苦耐劳、爱岗敬业、团队合作、勇于创新的精神,具备良好的职业道德。

安全规范

(1)实训室内必须着工装,严禁穿凉鞋、背心、短裤、裙装进入实训室。

(2)使用绝缘工具,并认真检查工具绝缘性能是否良好。

(3)停电作业时,必须先验电,确认无误后方可工作。

(4)带电作业时,必须在教师的监护下进行。

(5)树立安全和文明生产意识。

任务 1 定子绕组串联电阻降压起动控制 电路的安装与调试

➤ 工作任务

在工厂中,若笼型异步电动机的额定功率超出了允许直接起动的范围,则应采用降压起动。所谓降压起动,是指借助起动设备将电源电压适当降低后加在定子绕组上起动电动机,待电动机转速升高到接近稳定时,再使电压恢复到额定值,电动机转入正常运行。三相笼型异步电动机容量在 10 kW 以上或由于其他原因不允许直接起动时,应采用降压起动。降压起动也称减压起动。

降压起动的目的是减小起动电流以及对电网的不良影响,但它同时降低了起动转矩,所以只适用于笼型异步电动机的空载或轻载起动。

➤ 任务目标

(1)了解时间继电器的工作原理。
(2)掌握通电延时与断电延时的电气符号和文字符号。
(3)能够分析定子绕组串联电阻降压起动控制电路的工作过程。
(4)能够完成定子绕组串联电阻降压起动控制电路的安装及调试。

➤ 引导问题

(1)什么是时间继电器?时间继电器的作用是什么?常用的时间继电器有哪几种?
(2)画出时间继电器的图形符号。
(3)什么是全压起动?全压起动有什么优缺点?
(4)如何判断一台电动机能否直接起动?
(5)常见的降压起动方法有哪几种?

➤ 基础知识

一、时间继电器

时间继电器作为辅助元件用于各种保护及自动装置中,是使被控元件实现所需要的延时动作的继电器。

1. 时间继电器的原理与分类

时间继电器是一种利用电磁原理或机械动作原理实现触点延时接通或断开的自动控制电器。其种类很多,常用的有电磁式、空气阻尼式、电动式和晶体管式时间继电器等。时间继电器按照延时类型可分为通电延时时间继电器与断电延时时间继电器。

1)通电延时时间继电器

特点:线圈通电后触点要延迟一段时间才动作,但断电后触点立刻动作。

动作过程:线圈通电→衔铁吸合→SQ1动合触点闭合,动断触点断开;线圈通电→空气室充气延时→SQ2动合触点闭合,动断触点断开;线圈断电→衔铁释放→SQ1动合触点断开,动断触点闭合,SQ2动合触点断开,动断触点闭合。通电延时时间继电器结构如图2-1所示。

2)断电延时时间继电器

特点:线圈通电后触点立刻动作,但断电后触点要延迟一段时间才动作。

动作过程:线圈通电→衔铁吸合→SQ1动合触点闭合,动断触点断开,SQ2动合触点闭合,动断触点断开;线圈断电→衔铁释放→SQ1动合触点断开,动断触点闭合,空气室充气延时→SQ2动合触点断开,动断触点闭合。断电延时时间继电器结构如图2-2所示。

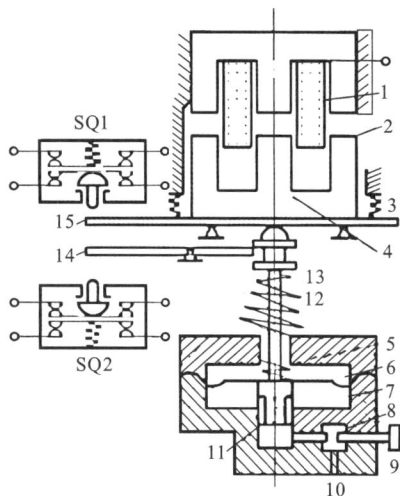

图 2-1 通电延时时间继电器结构

1—线圈;2—衔铁;3—反力弹簧;4—铁芯;5—弱弹簧;6—橡皮膜;7—微动开关;8—调节螺杆;9—调节螺钉;10—进气口;11—活塞;12—宝塔形弹簧;13—活塞杆;14—杠杆;15—推板

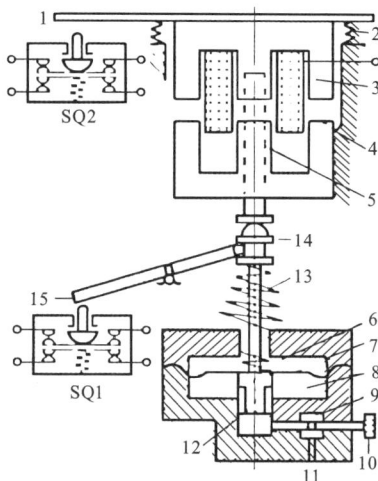

图 2-2 断电延时时间继电器结构

1—推板;2—反力弹簧;3—衔铁;4—线圈;5—铁芯;6—弱弹簧;7—橡皮膜;8—微动开关;9—调节螺钉;10—调节螺杆;11—进气口;12—活塞;13—宝塔形弹簧;14—活塞杆;15—杠杆

2.时间继电器的符号

时间继电器的符号如图 2-3 所示。

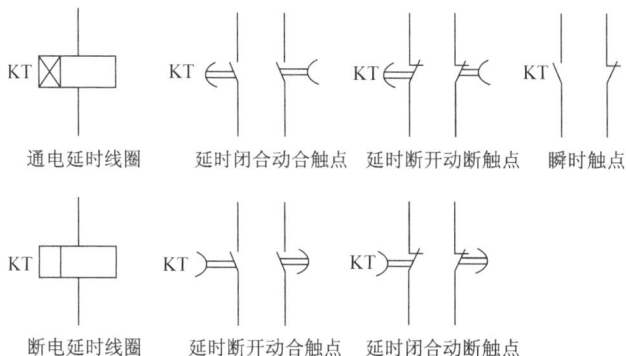

通电延时线圈　　延时闭合动合触点　　延时断开动断触点　　瞬时触点

断电延时线圈　　延时断开动合触点　　延时闭合动断触点

图 2-3　时间继电器的符号

3. 时间继电器的识别、选择及安装

1）时间继电器的识别

时间继电器外形如图 2-4 所示。

(a)空气阻尼式时间继电器　　(b)数字时间继电器　　(c)晶体管时间继电器

图 2-4　时间继电器外形

识别过程如下：

(1)识读时间继电器的铭牌。

(2)识读时间继电器的控制电压。

(3)识读时间继电器的引脚号和引脚接线图。

(4)检测判别各触点的好坏。

(5)测量线圈的阻值，阻值与产品、控制电压的等级及类型有关。

2）时间继电器的选择

时间继电器主要根据控制电路中的延时方式、瞬时动作触点的数量及吸引线圈的电压等级来选用。空气阻尼式时间继电器的延时及触点方式有 4 种，即通电延时闭合的动合触点、通电延时断开的动断触点、断电延时断开的动断触点和断电延时闭合的动合触点。

3）时间继电器的调整

(1)断开主电路电源，接通控制电路电源。

(2)用螺丝刀调节螺钉，按所需延时的时间，使指针指向与这一时间大致相符的刻度。

(3)按下延时控制电路按钮，同时记下延时起始时间。延时结束后，立即记下结束时间，核对实际延时时间与所需延时时间是否相符，如不符则继续向左或向右旋转调整螺钉。重复这一调节过程，直至实际延时时间与所需延时时间相符。

4）时间继电器的安装

(1)时间继电器应按说明书规定的方向安装，继电器断电后释放的衔铁运动方向垂直向下，其倾斜度不超过 5°。

(2)时间继电器的整定值应预先在不通电时整定，并在试车时校正。

(3)时间继电器金属底板上的接地螺钉必须与接地线可靠连接。

(4)通电延时型和断电延时型时间继电器可在整定时间内自行调换。

(5)使用时，应经常清除灰尘及油污，否则延时误差将增大。

4. 时间继电器常见故障及排除方法

时间继电器常见故障及排除方法见表 2-1。

表 2-1　时间继电器常见故障及排除方法

故障现象	产生原因	排除方法
延时触点不动作	电磁铁线圈断线	更换线圈
	电源电压低于线圈额定电压值过多	更换线圈或调高电源电压
	电动式时间继电器的同步电动机线圈断线	调换同步电动机
	电动式时间继电器的棘爪无弹性,不能刹住棘齿	调换棘爪
	电动式时间继电器游丝断裂	调换游丝
延时时间缩短	空气阻尼式时间继电器的气室装配不严、漏气	修理或调换气室
	空气阻尼式时间继电器的气室内橡皮薄膜损坏	调换橡皮薄膜
延时时间变长	空气阻尼式时间继电器的气室内有灰尘,使气道阻塞	清除气室内的灰尘,使气道畅通
	电动式时间继电器的传动机构缺润滑油	加入适量的润滑油

二、定子绕组串联电阻降压起动控制电路

定子绕组串接电阻降压起动是指在电动机起动时,把电阻串接在电动机定子绕组与电源之间,通过电阻的分压作用来降低定子绕组上的起动电压,待电动机起动后,再将电阻短接,使电动机在额定电压下全压运行。

1. 电动机的直接起动条件

一般 7.5 kW 以下的小容量笼型异步电动机都可以直接起动。参数满足下列条件的电动机可以直接起动:

$$\frac{I_{ST}}{I_N} \leqslant \frac{3}{4} + \frac{S}{4P}$$

式中:I_{ST}——电动机全压起动电流(A);

I_N——电动机额定电流(A);

S——电源变压器总容量(kV·A);

P——电动机的额定功率(kW)。

2. 刀开关控制的定子绕组串联电阻降压起动控制电路

刀开关控制的定子绕组串联电阻降压起动控制电路如图 2-5 所示。

1)工作过程分析

(1)起动过程:

合上 QS1 →电动机串联电阻 R,降压起动→当电动机起动一段时间后,转速恒定→合上 QS2,电阻 R 被短路,电动机全压运行。

(2)停止过程:

断开 QS1,电动机失电停转,再断开 QS2。

2)电路特点

该电路的优点是控制方式简单;缺点是降压起动是通过手动操作刀开关来实现的,既不方便也不可靠。

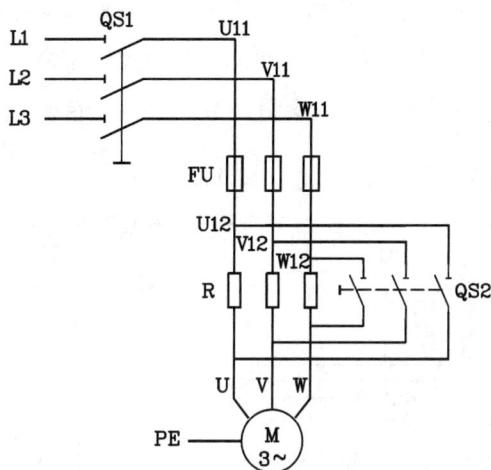

图 2-5 刀开关控制的定子绕组串联电阻降压起动控制电路

3. 接触器控制定子绕组串联电阻降压起动控制电路

接触器控制定子绕组串联电阻降压起动控制电路如图 2-6 所示。

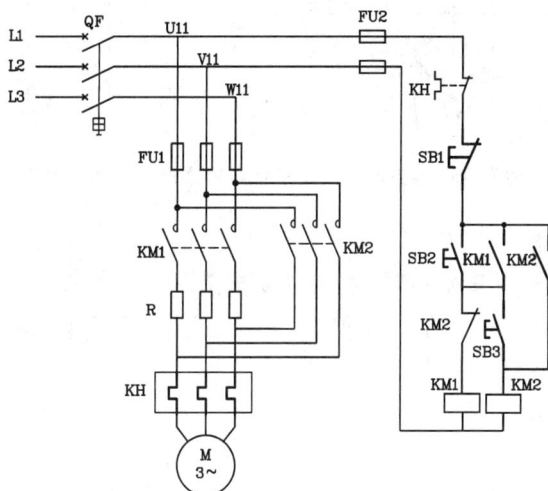

图 2-6 接触器控制定子绕组串联电阻降压起动控制电路

1)工作过程分析

合上电源开关 QF。

(1)降压起动:按下按钮 SB2 → KM1 线圈得电 → KM1 主触点和辅助动合触点闭合 → 电动机 M 定子串联电阻,降压起动。

(2)全压运行:待笼型电动机起动后,按下按钮 SB3 → KM2 线圈得电 → KM2 辅助动合触点先断开 → KM1 线圈失电 → KM2 主触点和辅助动合触点闭合 → 电动机 M 全压运行。

(3)停止:按停止按钮 SB1 →整个控制电路失电→ KM2(或 KM1)主触点和辅助触点分断→电动机 M 失电停转。

2)电路特点

电动机从降压起动到全压起动时,必须再按下起动按钮 SB,才能全压起动,不能实现自动控制,因此,通常采用时间继电器自动控制定子绕组串联电阻降压起动的方式。

4. 时间继电器自动控制定子绕组串联电阻降压起动控制电路

时间继电器自动控制定子绕组串联电阻降压起动控制电路如图 2-7 所示。

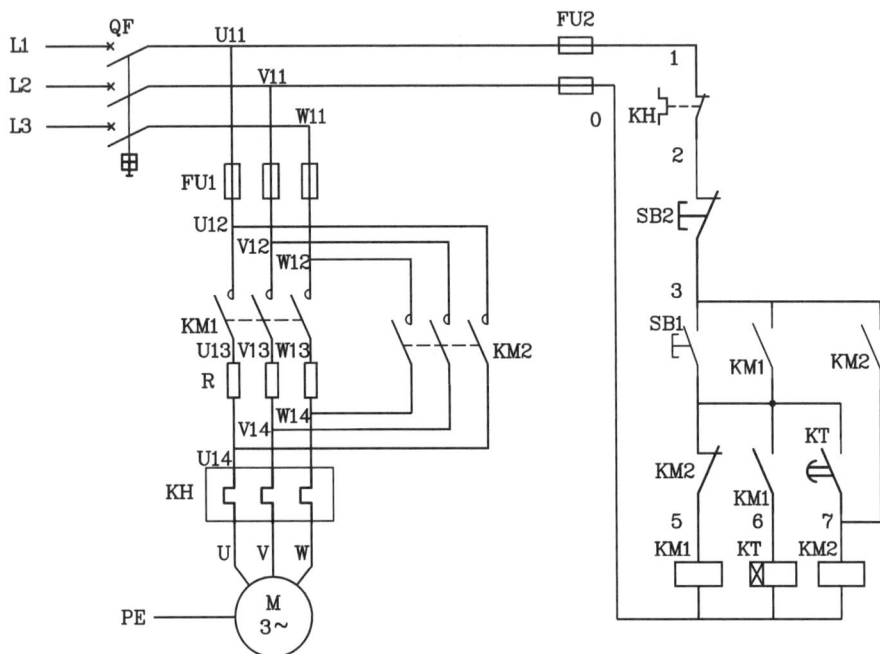

图 2-7　时间继电器自动控制定子绕组串联电阻降压起动控制电路

1)电路工作过程分析

(1)降压起动:合上电源开关 QF →按下起动按钮 SB1 →交流接触器 KM1 线圈得电吸合并自锁→ KM1 主触点闭合→电动机 M 得电,串联电阻,降压起动;同时 KM1 的动合辅助触点闭合→时间继电器 KT 线圈得电。

(2)全压起动:时间继电器 KT 线圈得电→延时 5 s(时间继电器整定 5 s)后,延时动合触点 KT 闭合→ KM2 线圈得电→动合辅助触点 KM2 闭合,保持 KM2 线圈通电;同时,动断辅助触点 KM2 断开→交流接触器 KM1 线圈失电→ KM1 主触点断开,切除起动电阻;但由于 KM2 主触点闭合,电动机 M 全压运转。

交流接触器 KM1 线圈失电→动合辅助触点 KM1(2 个)复位断开→时间继电器 KT 线圈失电→延时动合触点 KT 瞬时复位断开,但交流接触器 KM2 线圈通过闭合的动合辅助触点 KM2 保持通电。

(3)停止:按下停止按钮 SB2 →交流接触器 KM2 线圈失电→主触点 KM2 复位断开→电动机 M 失电停止运转;同时,动合辅助触点 KM2 复位断开,KM2 线圈保持失电状态。

2)电路特点

定子绕组串联电阻降压起动方法由于不受电动机接线方式的限制,设备简单,因此常用于中小型生产机械中。对于大功率电动机,由于所串联的电阻能量消耗大,因此一般改用串联电抗器实现降压起动。另外,由于串联电阻(电抗器)起动时,加到定子绕组上的电压一般只有直接起动时的一半,因此其起动转矩只有直接起动时的 1/4,所以定子绕组串联电阻(电抗器)降压起动方法只适用于要求起动平稳、起动次数不频繁的空载或轻载起动,这种降压起动方法在实际生产中的应用正在逐步减少。

➤ 任务实施

一、使用材料、工具与仪表

(1)完成图 2-7 所示时间继电器自动控制定子绕组串联电阻降压起动控制电路所需工具与仪表包括螺钉旋具、尖嘴钳、斜嘴钳、剥线钳、万用表等。

(2)完成本任务所需材料见表 2-2。

表 2-2 时间继电器自动控制定子绕组串联电阻降压起动控制电路材料工具表

项目	名称	数量	型号	备注
所用工具	电工工具	每组一套		
所用仪表	数字万用表	每组一块	优德利 UT39A	
所用元件及材料	空气开关 QF	1	DZ47-63	
	螺旋式熔断器 FU1	3	RL1-15/5A	
	螺旋式熔断器 FU2	2	RL1-15/2A	
	交流接触器 KM1、KM2	2	CJ20/10,380 V	
	时间继电器 KT	1	JS7-5A	
	起动电阻器 R	1	ZX1-1/40	
	按钮 SB1	1	LA4-3H(绿色)	
	按钮 SB2	1	LA4-3H(红色)	
	热继电器 KH	1	JR36-20,整定电流 2.2 A	
	三相笼型异步电动机 M	1	Y802-4,0.75 kW,Y 接法, 380 V,2 A,1390 r/min	
	接线端子排	若干	JX2-Y010	
	导线	若干	BVR 1.5 mm 塑铜线	

二、安装步骤及工艺要求

(1)根据表 2-2 配齐所用电气元件,并检查元件质量。

(2)根据图 2-7 画出电气元件布置图,如图 2-8 所示,并自行绘制电气安装接线图。

(3)根据电气元件布置图安装元件,安装线槽,各元件的安装位置整齐、匀称,间距合理。按从控制电路到主电路的顺序进行布线,以不妨碍后续布线为基本原则。同时,布线应层次分明,不得交叉。

(4)整定热继电器。

(5)连接电动机和按钮金属外壳的保护接地线。

(6)连接电动机和电源。

(7)检查。通电前,应认真检查有无错接、漏接等会造成不能正常运转或短路事故的现象。

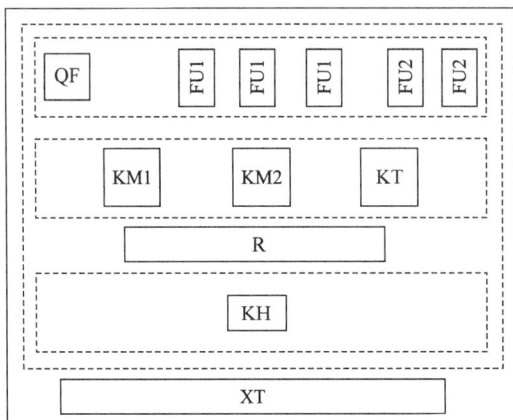

图 2-8　电气元件布置图

(8)通电试车。试车时,注意观察接触器情况,观察电动机运转是否正常,若有异常现象应马上停车。

为保证人身安全,在通电试车时,要认真执行安全操作规程的有关规定,一人监护,一人操作。试车前,应检查与通电试车有关的电气设备是否有不安全的因素,若有,应立即整改,然后方能试车。

通电试车须在指导教师监护下进行,根据电路图的控制要求独立测试。观察电动机有无振动及异常噪声,若发现故障,及时断电,查找并排除故障。

(9)试车完毕,应遵循停转、切断电源、拆除三相电源线、拆除电动机线的顺序整理电路。

(10)收拾清理现场。

三、注意事项

(1)通电试车前,应熟悉电路的操作顺序,即先合上电源开关 QF,然后按下 SB1 后,按下 SB2 停止。

(2)通电试车时,注意观察电动机、各电气元件及电路各部分工作是否正常。若发现异常情况,必须立即切断电源开关 QF,而不是按下 SB2,因为此时停止按钮 SB2 可能已失去作用。

(3)通电校验时,指导教师必须在现场监护。学生应根据电路的控制要求独立进行校验,若发现故障也应自行排除。

(4)安装训练应在规定的时间内完成,同时要做到安全操作和文明生产。

➤ 技能训练

定子绕组串联电阻降压起动控制电路的安装与调试

1. 实训目标

理解定子绕组串联电阻降压起动的实现方法,识读定子绕组串联电阻降压起动控制电路的工作原理,完成电路的安装、接线与调试。

2. 实训内容

根据定子绕组串联电阻降压起动控制电路图、电气安装接线图以及工艺要求完成电路连接,并能进行电路的检查和故障排除。

3. 实训工具、仪表和器材

(1)工具:螺钉旋具(十字槽、一字槽)、电笔、剥线钳、尖嘴钳、老虎钳等。

(2)仪表:绝缘电阻表、万用表。

(3)器材:按照表 2-2 准备。

4. 实训步骤

根据任务实施的相关内容,完成定子绕组串联电阻降压起动控制电路的安装、接线与调试。

5. 技能训练与成绩评定

1)训练要求

(1)在规定时间内按工艺要求完成定子绕组串联电阻降压起动控制电路的安装,且通电试验成功。

(2)安装工艺达到基本要求,线头长短适当,接触良好。

(3)遵守安全规程,做到文明生产。

2)成绩评定

安装的考核项目及标准如表 2-3 所示。

表 2-3　时间继电器自动控制定子绕组串联电阻降压起动控制电路安装的考核项目及标准

评价类别	考核项目	考核标准	配分/分	得分/分
专业能力	电路设计	电路图和平面布置图设计合理	10	
	布局和结构	布局合理,结构紧凑,控制方便,美观大方	5	
	元件的选择	元件的型号、规格、数量符合图样的要求	5	
	导线的选择	导线的型号、颜色、横截面符合要求	5	
	元件的排列和固定	排列整齐,紧固各元件时要用力均匀,紧固程度适当,使元件牢固、可靠	5	
	配线	配线整齐、清晰、美观,导线绝缘层良好,无损伤。线束横平竖直、配置坚固、层次分明、整齐美观	5	
	接线	接线正确、牢固,敷线平直整齐,无露铜、反圈、压胶,绝缘性能好,外形美观	5	
	元件安装	各元件的安装整齐、匀称,间距合理,便于更换	5	
	安装过程	能够读懂电动机控制电路的电气原理图,并严格按照图样进行安装,安装过程符合安装的工艺要求	5	

评价类别	考核项目	考核标准	配分/分	得分/分
专业能力	会用仪表检查电路	会用万用表检查电动机控制电路的接线是否正确	5	
	故障排除	能够排除电路的常见故障	5	
	通电试车	电动机正常工作,电路机械和电气操作试验合格	10	
	工具的使用和原材料的用量	工具使用合理、准确,摆放整齐,用后归放原位;节约使用原材料,不浪费	5	
	安全用电	注意安全用电,不带电作业	5	
社会能力	团结协作	小组成员之间合作良好	5	
	职业意识	树立对职业劳动的正确认识,诚信,有责任感	5	
	敬业精神	遵守纪律,具有爱岗敬业、吃苦耐劳的精神	5	
方法能力	计划和决策能力	计划和决策能力较强	5	

➤ 思考与练习

一、单项选择题

1.通电延时型时间继电器延时常开触头的动作特点是(　　)。

A.线圈得电后,触头延时断开 　　　　　　　B.线圈得电后,触头延时闭合

C.线圈得电后,触头立即断开 　　　　　　　D.线圈得电后,触头立即闭合

2.断电延时型与通电延时型空气阻尼式时间继电器的结构相同,只是将(　　)翻转180°安装,通电延时型时间继电器即变为断电延时型时间继电器。

A.触头系统 　　　　　B.线圈 　　　　　C.电磁构件 　　　　　D.衔铁

二、简答题

1.什么是三相异步电动机的降压起动?降压起动的方法有哪几种?这些方法各有什么特点?

2.设计一个用时间继电器控制的顺序起动同时停止的控制电路。

3.请将本任务的知识点以思维导图的形式呈现出来。

◀ 任务2 三相异步电动机 Y-△控制电路的安装与调试 ▶

➤ 工作任务

某工厂机加工车间要安装一台风机,现在要为此风机安装电气控制柜,要求采用接触器-继电器控制,起动方式采用 Y-△降压起动,设置短路、过载、欠电压和失电压保护。风机电动机的额定电压为 380 V,额定功率为 180 W,额定电流为 0.65 A,额定转速为 1440 r/min。请完成风机 Y-△降压起动运行控制电路的安装、调试,并进行简单故障排查。

➤ 任务目标

(1)能够分析时间继电器自动控制 Y-△降压起动控制电路的工作过程。

(2)能够根据电路图进行三相异步电动机的时间继电器自动控制 Y-△降压起动控制电路的安装。

(3)能够正确分析并快速排除电路故障。

➤ 引导问题

(1)Y-△降压起动的原理是什么?

(2)Y-△连接的电压电流关系是什么?

(3)什么样的电动机适合采用 Y-△降压起动?

➤ 基础知识

一、电动机定子绕组的连接方式

三相异步电动机定子绕组有两种接线方式,如图 2-9 所示。

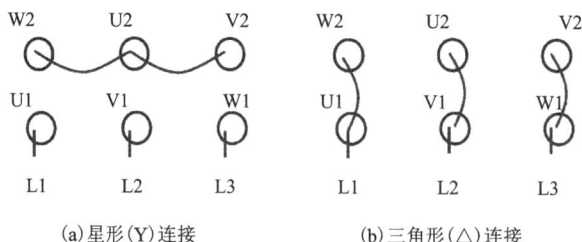

(a)星形(Y)连接 (b)三角形(△)连接

图 2-9 三相异步电动机定子绕组的连接方式

第一种为星形(Y)接法,电动机内部三相定子绕组的首或尾端连接,另一端分别通入 L1、L2、L3 三相交流电。这种连接方式适用于额定功率在 3 kW 及以下的三相异步电动机。

星形连接就是把三相负载的 3 个末端连接在一起作为公共端,由 3 个首端引出 3 条火线的连接方式,如 A 相负载用 U1—U2 表示,B 相负载用 V1—V2 表示,C 相负载用 W1—W2 表示,那就是 U2、V2 和 W2 连一起,引出 U1、V1、W1 线。负载每相线圈承受的电压是相电压

220 V,即火线与零线(中性线)间的电压是 220 V。

第二种为三角形(△)接法,即将三相定子绕组的首尾对应连接,第一绕组的首端与第三绕组的尾端相连接,可视为 U1 相,第二绕组的首端与第一绕组的尾端相连接,可视为 V1 相,第三绕组的首端与第二绕组的尾端相连接,可视为 W1 相,分别通入 L1、L2、L3 三相交流电运行。这种连接方式适用于额定功率在 4 kW 及以上的三相异步感应式电动机。每相负载承受的电压是线电压 380 V,即火线与火线间的电压。

电动机定子绕组的实际接线方法应以铭牌接线为准。

二、Y-△降压转换器手动降压起动

Y-△降压转换器手动降压起动控制电路及转换器外形如图 2-10 所示。

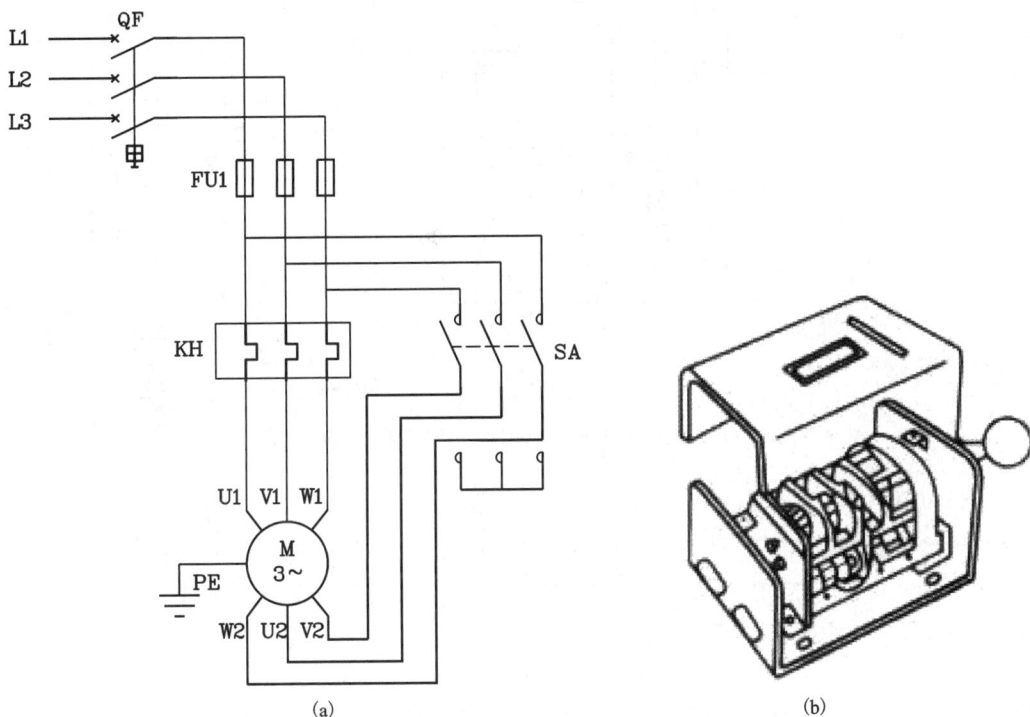

图 2-10 Y-△降压转换器手动降压起动控制电路及转换器外形

1. 电路工作过程分析

闭合电源开关 QF。

(1)Y 降压起动。将三刀双掷开关 SA 扳到 Y 起动位置,此时定子绕组接成星形,实现星形降压起动。

(2)△稳定运行。待电动机转速接近稳定时,再把三刀双掷开关 SA 扳到△运行位置,实现三角形全压稳定运行。

(3)停止。断开 QF,电动机 M 失电停转。

2. 电路特点

手动控制的 Y-△转换器控制电路结构简单,操作方便。不需要控制电路,直接用手动方式拨动手柄切换主电路,达到降压起动的目的。

三、按钮、接触器控制的 Y-△ 降压起动控制电路

按钮、接触器控制的 Y-△ 降压起动控制电路如图 2-11 所示。

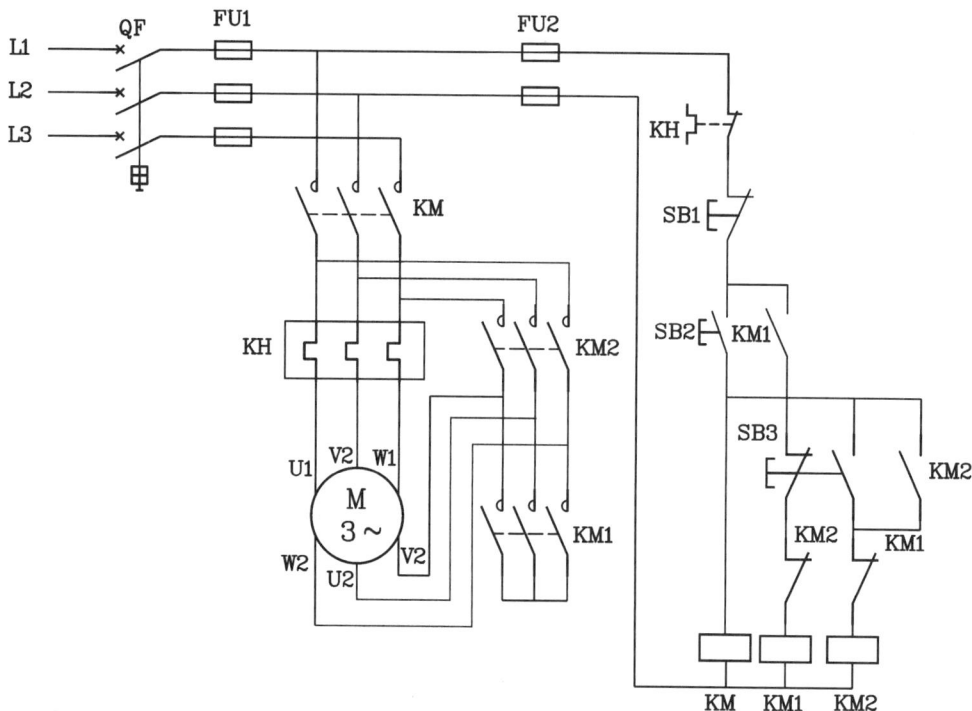

图 2-11 按钮、接触器控制的 Y-△ 降压起动控制电路

1. 电路工作过程分析

(1)Y 降压起动。合上电源开关 QF →按下起动按钮 SB2 → KM 线圈得电,KM 动合辅助触点闭合,实现自锁→ KM1 线圈得电→ KM1 主触点闭合,同时 KM1 动断辅助触点断开,实现互锁,切断 KM2 线圈使其不能得电→电动机以 Y 连接降压起动。

(2)△全压运行。按下按钮 SB3 → SB3 动断触点断开→接触器 KM1 线圈失电,电动机 Y 运转停止→同时 SB3 动合触点闭合→接触器 KM2 线圈得电→ KM2 动断辅助触点断开,实现互锁,切断 KM1 线圈使其不能得电→同时 KM2 主触点闭合,KM2 动合触点闭合,实现自锁→电动机以△连接全压运行。

(3)停止。按停止按钮 SB1 →整个控制电路失电→电动机 M 失电停转。

2. 电路特点

本电路使用了 3 个交流接触器,其中 KM 为电源引入接触器,KM1 为 Y 起动接触器,KM2 为△运行接触器。按钮中的 SB2 为起动按钮,SB3 为 Y-△转换按钮,SB1 为停止按钮。在电动机从降压起动到全压运行时,必须再按下转换按钮 SB3。这种控制电路不能实现自动控制,因此通常采用时间继电器控制的 Y-△降压起动的方式。

四、时间继电器控制的 Y-△ 降压起动控制电路

时间继电器控制的 Y-△ 降压起动控制电路如图 2-12 所示。

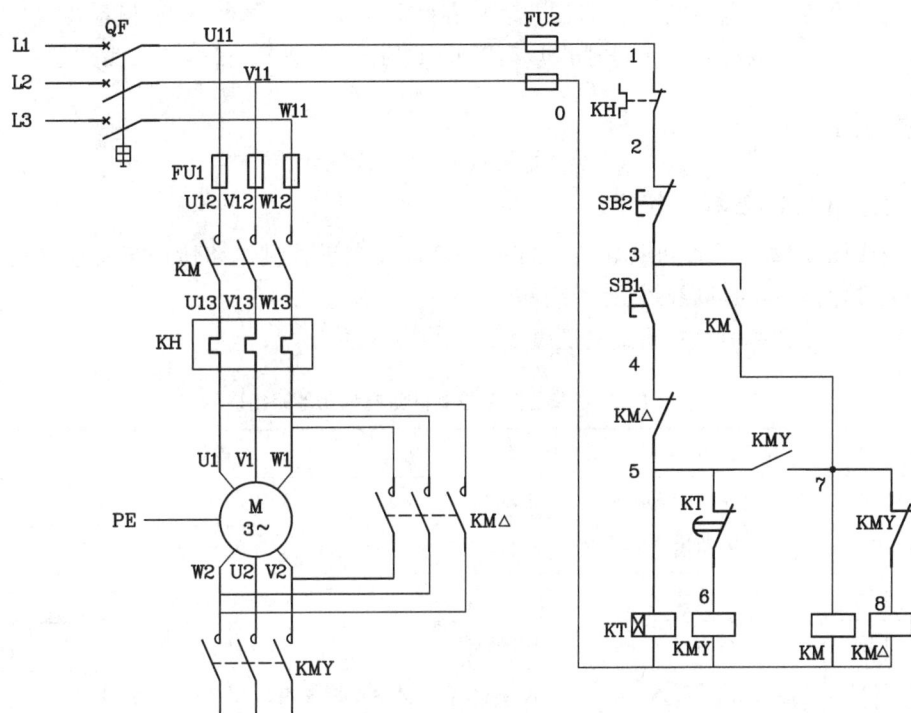

图 2-12 时间继电器控制的 Y-△降压起动控制电路

1. 电路工作过程分析

(1)Y 降压起动。合上刀开关 QF→按下起动按钮 SB1→时间继电器 KT 和接触器 KMY 均得电吸合，接触器 KMY 的联锁触点断开→切断接触器 KM△线圈回路的电源，使接触器 KMY 闭合时接触器 KM△不能通电闭合→KM 线圈得电吸合并自锁→KM 和 KMY 主触点闭合→电动机 M 以 Y 连接降压起动。

(2)△全压运行。时间继电器 KT 线圈得电，开始计时→延时 5 s(时间继电器整定为 5 s)后，延时动断触点 KT 断开→接触器 KMY 线圈失电→KMY 的主触点断开，Y 连接断开，同时接触器 KMY 的动合辅助触点复位闭合→接触器 KM△线圈得电吸合并自锁→接触器 KM△的主触点闭合，电动机以△连接全压运行。

(3)联锁控制。接触器 KM△线圈得电吸合→动断辅助触点 KM△断开→接触器 KMY 线圈保持失电状态→时间继电器 KT 线圈失电→延时动断触点 KT 瞬时复位闭合，为下次起动做好准备。

(4)停止。按下停止按钮 SB2→交流接触器 KM、KM△线圈失电→KM、KM△主触点复位断开→电动机 M 失电停止运转。

2. 电路特点

(1)本电路由 3 个交流接触器 KM、KMY、KM△主触点的通断配合，分别将电动机的定子绕组接成 Y 或△。当 KM、KMY 线圈通电吸合时，其主触点闭合，定子绕组接成 Y;当 KM、KM△线圈通电吸合时，其主触点闭合，定子绕组接成△。

(2)利用时间继电器的延时，自动控制电动机的 Y 起动和△运行，起动时间与时间继电器的延时时间相同，可通过时间继电器整定。该方法只适用于△接法运行的电动机。

(3)三相笼型异步电动机 Y-△降压起动具有投资少、电路简单的优点,但是在限制起动电流的同时,起动转矩只有直接起动时的 1/3,因此只适用于空载或轻载起动的场合。

➤ 任务实施

一、使用材料、工具与仪表

(1)完成图 2-12 所示时间继电器控制的 Y-△降压起动控制电路所需工具与仪表包括螺钉旋具、尖嘴钳、斜嘴钳、剥线钳、万用表等。

(2)完成本任务所需材料明细表见表 2-4。

表 2-4 Y-△降压起动控制电路电气元件明细表

序号	代号	名称	型号	规格	数量
1	M	三相交流异步电动机	YS6324	380 V,180W,0.65 A,1440 r/min	1
2	QF	断路器	DZ47-63	380 V,25 A,整定电流 20 A	1
3	FU1	熔断器	RL1-60/25 A	500 V,60 A,配 25 A 熔体	3
4	FU2	熔断器	RT18-32	500 V,配 2 A 熔体	2
5	KM	交流接触器	CJX-22	线圈电压 220 V,电流 20 A	3
6	SB	按钮	LA-18	5 A	2
7	KH	热继电器	JR16-20/3	三相,20 A,整定电流 1.55 A	1
8	KT	时间继电器	JS7-2A	380 V	1
9	XT	端子板	TB1510	600 V,15 A	1
10		电路板安装套件			1

二、安装步骤及工艺要求

(1)检测电气元件。根据表 2-4 配齐所用电气元件,其各项技术指标均应符合规定要求。目测其外观有无损坏,手动触头动作是否灵活,并用万用表进行质量检验,如不符合要求,则予以更换。

(2)Y-△降压起动控制电路电气元件布置图如图 2-13 所示。

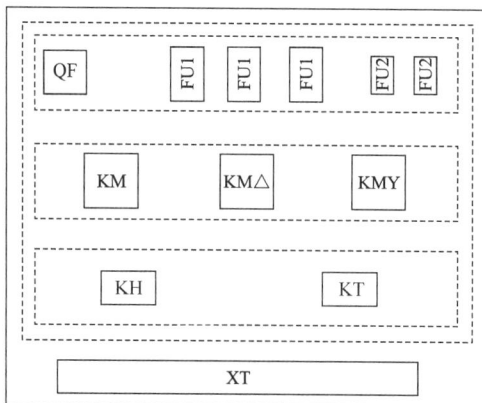

图 2-13 Y-△降压起动控制电路电气元件布置图

（3）Y-△降压起动控制电路电气安装接线图如图 2-14 所示。

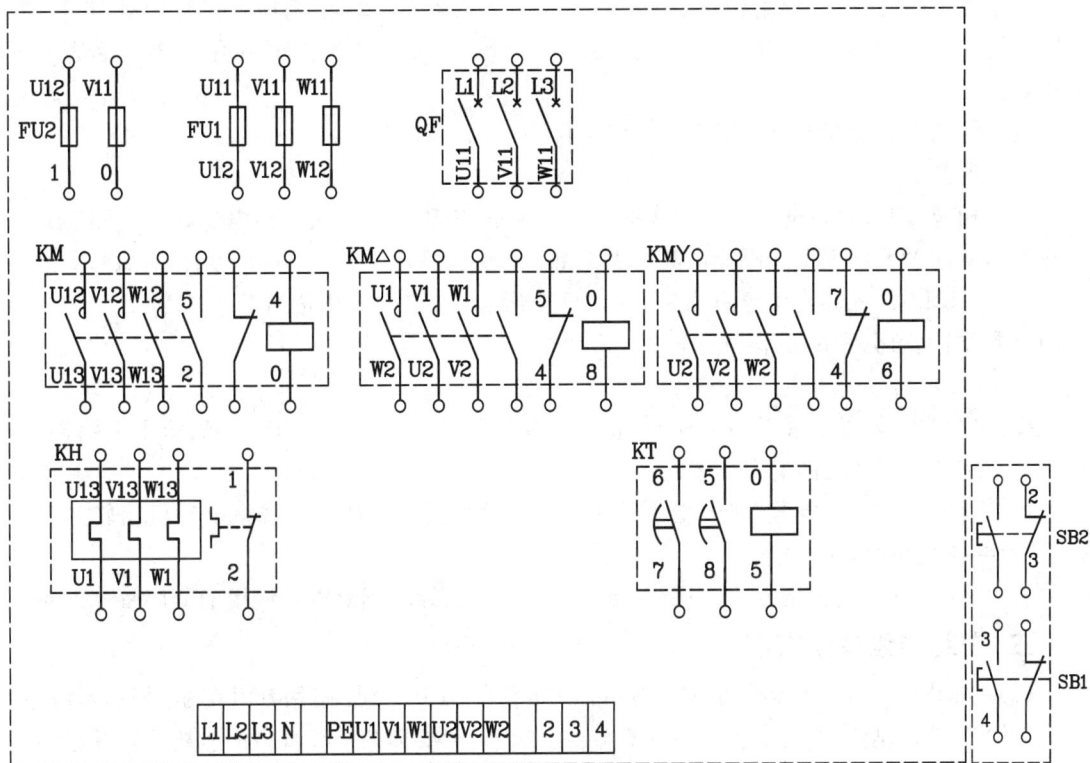

图 2-14　Y-△降压起动控制电路电气安装接线图

（4）根据图 2-13 安装元件,安装线槽,各元件的安装位置整齐、匀称,间距合理。布线以接触器为中心,由里向外、由低至高,按电源电路、控制电路、主电路的顺序进行,以不妨碍后续布线为基本原则。同时,布线应层次分明,不得交叉。

（5）连接电动机。先将电动机接线盒内接线柱上的连接片拆除,然后对应连接好控制板到电动机接线柱的连接线。

（6）连接电动机和按钮金属外壳的保护接地线。

（7）整定时间。

（8）整定热继电器。

（9）检查。

①不通电测试。

按控制电路图或电气安装接线图从电源端开始,逐段核对接线及接线端子处是否正确,有无漏接、错接之处。检查导线接点是否符合要求,压接是否牢固。

用万用表检查电路的通断情况。检查时,应选用倍率适当的电阻挡,并进行校零,以防短路故障发生。

检查控制电路时(可断开主电路),可用万用表表笔分别搭在 FU2 的两个出线端上(V12 和 W12),此时读数应为"∞"。按下起动按钮 SB1,读数应为接触器 KMY 和 KT 线圈电阻的并联阻值;用手压下 KM 的衔铁,使 KM 动合(常开)触点闭合,读数应为接触器 KM、KMY 和 KT 线圈电阻的并联阻值;同时压下 KM 和 KMY 的衔铁,万用表读数应为 KM、KMY 和 KT

线圈电阻的并联阻值。

检查主电路时(可断开控制电路),可以用手压下接触器 KM 的衔铁来代替接触器得电吸合时的情况,依次测量从电源端到电动机出线端子上的每一相电路的电阻值,检查是否存在开路现象。

用绝缘电阻表检查电路的绝缘电阻应不得小于 0.5 MΩ。

②通电测试。

操作相应按钮,观察电气元件动作情况。合上断路器 QF,引入三相电源,按下按钮 SB1,接触器 KM、KMY 和 KT 线圈得电吸合并自锁,电动机降压起动;延时几秒钟后,KMY 线圈断电释放,KM△线圈得电吸合并自锁,电动机全压运行;按下停止按钮 SB2,KM 和 KM△线圈断电释放,电动机停止工作。

③排除故障。

操作过程中,如果出现不正常现象,应立即断开电源,分析故障原因,仔细检查电路(用万用表),在实训教师认可的情况下才能再次通电调试。

(10)通电试车。通电试车时,注意观察接触器、继电器运行情况,观察电动机运转是否正常,若有异常现象应马上停车。

(11)试车完毕,应遵循停转、切断电源、拆除三相电源线、拆除电动机线的顺序整理电路。

三、安装接线注意事项

(1)按钮内部的接线不要接错,起动按钮必须接动合(常开)触点(可用万用表的欧姆挡判别)。

(2)Y-△降压起动的电动机必须有 6 个出线端子(即要拆开接线盒内的连接片),并且定子绕组在△连接时的额定电压应该等于 380 V。

(3)接线时要保证电动机△连接的正确性,即接触器 KM△主触点闭合时,应保证定子绕组的 U1 与 W2、V1 与 U2、W1 与 V2 相连接。

(4)接触器 KMY 的进线必须从三相定子绕组的末端引入,若误将其从首端引入,则在 KMY 吸合时会产生三相电源短路事故。

(5)电动机外壳必须可靠接 PE(保护接地)线。

(6)检查电路、通电测试并排除故障。

➤ 技能训练

三相异步电动机 Y-△降压起动控制电路的安装与调试

1. 实训目标

理解三相异步电动机 Y-△降压起动的实现方法,识读三相异步电动机 Y-△降压起动控制电路的工作原理,完成电路的安装、接线与调试。

2. 实训内容

根据三相异步电动机 Y-△降压起动控制电路图、电气安装接线图以及工艺要求完成电路连接,并能进行电路的检查和故障排除。

3. 实训工具、仪表和器材

(1)工具:螺钉旋具(十字槽、一字槽)、电笔、剥线钳、尖嘴钳、老虎钳等。

（2）仪表：绝缘电阻表、万用表。

（3）器材：按照表 2-4 准备。

4. 实训步骤

根据任务实施的相关内容，完成三相异步电动机 Y-△降压起动控制电路的安装与调试。

5. 技能训练与成绩评定

1）训练要求

（1）在规定时间内按工艺要求完成三相异步电动机 Y-△降压起动控制电路的安装，且通电试验成功。

（2）安装工艺达到基本要求，线头长短适当，接触良好。

（3）遵守安全规程，做到文明生产。

2）成绩评定

安装的技术要求及评分细则如表 2-5 所示。

表 2-5　三相异步电动机 Y-△降压起动控制电路的安装自评表

项目	技术要求	配分	评分细则	评分记录
安装前检查	正确无误检查所需元件	5	电气元件漏检或错检，每个扣 1 分	
安装元件	按电气元件布置图合理安装元件	15	不按布置图安装，扣 3 分；元件安装不牢固，每个扣 0.5 分；元件安装不整齐、不合理，扣 1.5 分；损坏元件，扣 10 分	
布线	按控制电路图正确接线	40	不按控制电路图接线，扣 10 分；线槽内导线交叉超过 3 处，扣 3 分；线槽对接不成 90°，每处扣 1 分；接点松动，露铜过长，反圈，有毛刺，标记线号不清楚，遗漏或误标，每处扣 0.5 分；损伤导线，每处扣 1 分	
通电试车	正确整定元件，检查无误，通电试车一次成功	40	热继电器未整定或错误，扣 5 分；时间继电器未整定或错误，每个扣 5 分；熔体选择错误，每组扣 10 分；试车不成功，每返工一次扣 5 分	
额定工时 180 min	超时（此项从总分中扣分）		每超 5 min，从总分中扣 3 分，但不超过 10 分	
安全、文明生产	符合安全、文明生产要求（此项从总分中扣分）		违反安全文明生产规定，从总分中扣 5 分	

➤ 思考与练习

一、单项选择题

1. 当三相异步电动机采用 Y-△降压起动时，每相定子绕组承受的电压是全压起动的（　　）。

A. 2　　　　　　　B. 3　　　　　　　C. $\dfrac{1}{\sqrt{3}}$　　　　　　　D. $\dfrac{1}{3}$

2. 采用 Y-△降压起动的方法起动电动机时,降压起动电流是全压起动电流的（　　）。

A. $\dfrac{1}{3}$　　　　　　B. $\dfrac{1}{\sqrt{3}}$　　　　　　C. $\dfrac{2}{3}$　　　　　　D. $\dfrac{2}{\sqrt{3}}$

3. 三相异步电动机采用 Y-△降压起动时,起动转矩是△连接全压起动时的（　　）。

A. $\sqrt{3}$　　　　　　B. $\dfrac{1}{\sqrt{3}}$　　　　　　C. $\dfrac{\sqrt{3}}{2}$　　　　　　D. $\dfrac{1}{3}$

二、判断题

（　　）1. 晶体管式时间继电器是根据 RC 电路的充电原理来实现延时的。

（　　）2. 三相异步电动机都可以采用 Y-△降压起动的方法。

（　　）3. 要想使三相异步电动机采用 Y-△降压起动,电动机在正常运行时定子绕组必须是△连接。

（　　）4. 定子绕组是△连接的电动机应选用带断相保护装置的三相结构热继电器。

（　　）5. 三相异步电动机定子绕组的连接是由电源线电压和每相定子绕组额定电压的关系决定的。

三、简答题

1. 定子绕组为 Y 接法的三相笼型异步电动机能否采用 Y-△降压起动方法？为什么？

2. 设计一个小车控制电路,画出主电路和控制电路,具体要求如下：

(1)用起动按钮控制小车从 A 点起动前进,到达 B 点后自动停止,经过 40 s 后小车自动后退,回到 A 点后停止。

(2)在小车来回过程中可以随时控制小车使其停止。

(3)在 B 点设终端保护。

3. 请将本任务的知识点以思维导图的形式呈现出来。

项目 3
三相异步电动机制动控制电路设计、安装与调试

3

　　断开电源以后，电动机由于惯性作用不会马上停止转动，而是需要转动一段时间才会停下来，无法立刻精准停车。吊车若无法精准停车则无法准确定位，铣床和车床等加工设备若无法精准停车将无法控制加工工件的精度。为缩短时间，提高生产效率和加工精度，要求生产机械能迅速、准确地停车。采取一定措施使三相笼型异步电动机在切断电源后迅速、准确停车的过程，称为三相笼型异步电动机制动。三相笼型异步电动机的制动方法分为机械制动和电气制动两大类。

　　在切断电源后，利用机械装置使三相笼型异步电动机迅速、准确停车的制动方法称为机械制动，应用较普遍的机械制动装置有电磁抱闸和电磁离合器两种。在切断电源后，利用与电动机实际旋转方向相反的电磁力矩（制动力矩）使三相笼型异步电动机迅速、准确停车的制动方法称为电气制动。常用的电气制动方法有反接制动、能耗制动和发电反馈制动等。

学习目标

知识目标

(1)掌握速度继电器的识别及使用方法。

(2)了解速度继电器的结构及工作原理。

(3)能够分析三相异步电动机制动控制电路的工作原理。

能力目标

(1)能够完成三相异步电动机制动控制电路的安装与调试。

(2)能够检查并排除制动控制电路和调速控制电路的故障。

素质目标

(1)学生应树立职业意识,并按照企业的"6S"(整理、整顿、清扫、清洁、素养、安全)质量管理体系要求自己。

(2)操作过程中,必须时刻注意安全用电,严格遵守电工安全操作规程。

(3)爱护工具和仪器仪表,自觉做好维护和保养工作。

(4)具有吃苦耐劳、爱岗敬业、团队合作、勇于创新的精神,具备良好的职业道德。

安全规范

(1)实训室内必须着工装,严禁穿凉鞋、背心、短裤、裙装进入实训室。

(2)使用绝缘工具,并认真检查工具绝缘性能是否良好。

(3)停电作业时,必须先验电,确认无误后方可工作。

(4)带电作业时,必须在教师的监护下进行。

(5)树立安全和文明生产意识。

任务1 三相异步电动机反接制动控制电路的安装与调试

➤ 工作任务

在加工工件过程中要测量工件的尺寸,同时也缩短工人换工件的辅助时间,要求加工车间的某台车床能随时迅速停下来。请设计一个设备简单、效果明显的反接制动电路。

➤ 任务目标

(1)熟悉并掌握速度继电器的符号及工作原理。
(2)能够正确分析三相异步电动机反接制动控制电路的工作原理。
(3)能够根据电路图安装三相异步电动机反接制动控制电路。
(4)能够正确分析并快速排除电路故障。

➤ 引导问题

(1)阐述反接制动的原理。
(2)阐述速度继电器的作用及应用场合。
(3)分析反接制动的特点。

➤ 基础知识

一、速度继电器

速度继电器是将旋转信号转换为开关信号的一种控制电器,主要用于笼型异步电动机的反接制动控制,故又称反接制动继电器。它主要由定子、转子、可动支架、触点系统及端盖等部分组成。转子由永久磁铁制成,与电动机或机械轴连接,随着电动机旋转而旋转;定子由硅钢片叠成并装有笼型短路绕组,与笼型异步电动机转子相似,内有短路条,也能围绕着转轴转动。当转子随电动机转动时,磁场与定子短路条相切割,产生感应电势及感应电流,这与电动机的工作原理相同,故定子随着转子而转动起来。定子转动时带动杠杆,杠杆推动触点,使之闭合与分断。当电动机旋转方向改变时,继电器的转子与定子的转向也改变,这时定子就可以触动另外一组触点,使之分断与闭合。当电动机停止时,继电器的触点即恢复原来的静止状态。由于速度继电器工作时是与电动机同轴的,无论电动机是正转还是反转,速度继电器的两个动合触点只要有一个闭合,就准备实行电动机的制动。

1. 速度继电器的外形和符号

速度继电器的外形如图3-1(a)所示,其结构图及符号如图3-1(b)所示。

2. 速度继电器的选择

速度继电器的型号主要根据电动机的额定转速来选择。常用的速度继电器有JY1型和JFZO型两种。其中,JY1型可在额定转速为700～3600 r/min的电动机的控制中可靠地工

(a)速度继电器的外形图

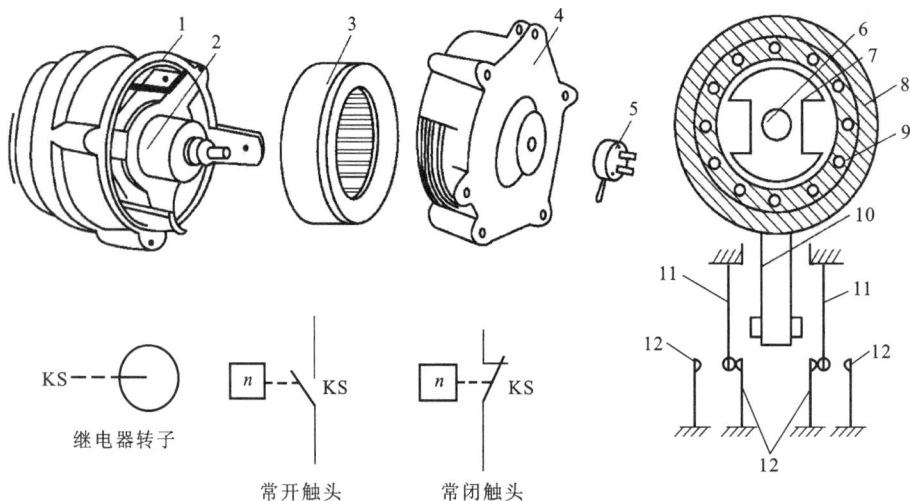

继电器转子

常开触头

常闭触头

(b)速度继电器的结构图及符号

图 3-1　速度继电器

1—可动支架;2—转子;3—定子;4—端盖;5—连接头;6—电动机轴;7—转子(永久磁铁);

8—定子;9—定子绕组;10—胶木摆杆;11—簧片(动触头);12—静触头

作;JFZO-1 型适用于电动机额定转速为 300～1000 r/min 的情况;JFZO-2 型适用于电动机额定转速为 1000～3600 r/min 的情况。速度继电器具有两个动合触点、两个动断触点,触点额定电压为 380 V,额定电流为 2 A。一般速度继电器的转轴转速在 120 r/min 左右即能动作,在 100 r/min 时触点即能恢复到正常位置。

3. 速度继电器的使用

(1)速度继电器的转轴应与电动机转轴同轴。

(2)速度继电器安装接线时,正、反向的触点不能接错,否则不能起到反接制动时接通或断开反向电源的作用。

(3)可以通过调节螺钉来改变速度继电器动作的转速,以适应控制电路的要求。

4. 速度继电器的常见故障及排除方法

速度继电器的常见故障及排除方法如表 3-1 所示。

表 3-1　速度继电器的常见故障及排除方法

故障现象	可能原因	排除方法
反接制动时,速度继电器失效,使电动机不能制动	胶木摆杆断裂	更换胶木摆杆或速度继电器
	动合触点接触不良	调整触点位置或更换触点
	动触点断裂或失去弹性	拆开检查触点,清除触点上的污物
	弹性动触片调整不当	重新调整
反接制动时,制动不正常	速度继电器设定值过高,导致电动机过早地进入反接制动状态	调节整定螺钉,改变速度继电器的动作值,从而调整制动效果

二、三相异步电动机的反接制动控制电路

1. 反接制动原理

改变电动机定子绕组中的电源相序,则其定子旋转磁场便反向旋转,在转子上产生的电磁转矩亦随之变为反向,称为制动转矩,迫使电动机迅速停转。反接制动就是利用这样的原理实现的,如图 3-2 所示。

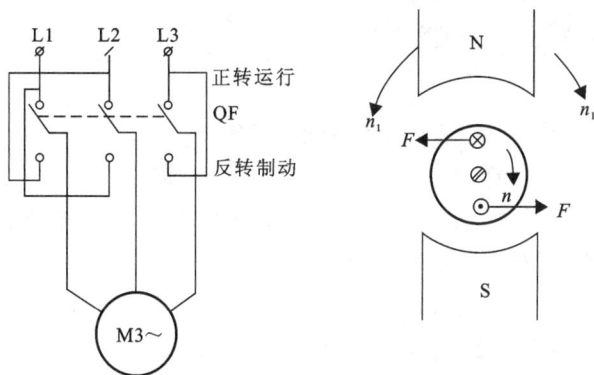

图 3-2　反接制动原理

2. 反接制动电路

反接制动时,电动机定子绕组电流很大,相当于直接起动时的 2 倍,为了限制制动电流,通常在定子电路中串联反接制动电阻。但在制动到转速接近 0 时,应迅速切断电动机电源,以防电动机反向再起动。通常采用速度继电器来检测电动机的转速,并控制电动机反相电源的断开。反接制动控制电路如图 3-3 所示。

3. 电路工作过程分析

(1)合上电源开关 QF →按下起动按钮 SB1 →交流接触器 KM1 线圈得电并自锁→电动机全压起动运行→当转速在 120 r/min 以上时,速度继电器 KS 的动合触点闭合,为制动做好准备。

(2)当需要制动时,按下停止按钮 SB2 并保持→ SB2 动断触点先断开→交流接触器 KM1 线圈失电→ KM1 的主触点复位断开→三相异步电动机 M 断电,但由于惯性的作用,其转子继续旋转,速度继电器 KS 的动合触点仍然闭合。

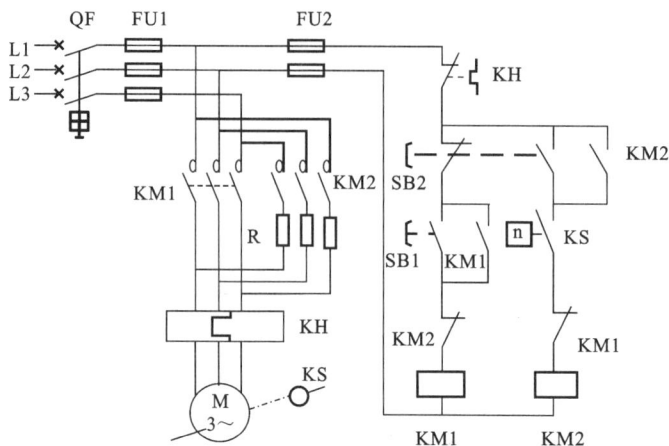

图 3-3　反接制动控制电路

（3）按钮 SB2 的动合触点闭合→交流接触器 KM2 线圈得电→KM2 主触点闭合→三相异步电动机 M 定子串联制动电阻 R 并接通反相序电源进行反接制动，电动机转速迅速下降→当转速下降至 120 r/min 以下时，速度继电器 KS 的动合触点复位断开→交流接触器 KM2 线圈失电→制动过程结束，电动机自然停车。

（4）松开按钮 SB2，为下次起动做好准备。

4.电路特点

（1）反接制动力强，制动迅速，控制电路简单，设备投资少。

（2）能量损耗大，制动准确性差，制动过程中冲击力强，易损坏传动部件。因此，反接制动方法适用于 10 kW 以下小容量的电动机，以及制动要求迅速、系统惯性大，不经常起动与制动的设备，如铣床、镗床、中型车床等主轴的制动控制。

（3）容量较大的电动机采用反接制动方法时，须在主回路中串联限流电阻。但是，由于反接制动时，振动和冲击力较大，影响机床的精度，所以这种方法的使用受到一定限制。

➤ 任务实施

一、使用材料、工具与仪表

（1）完成图 3-3 所示反接制动控制电路所需工具与仪表包括螺钉旋具、尖嘴钳、斜嘴钳、剥线钳、万用表等。

（2）完成本任务所需材料明细表见表 3-2。

表 3-2　三相异步电动机单向起动反接制动控制电路电气元件明细表

序号	代号	名称	型号	规格	数量
1	M	三相交流异步电动机	YS6324	380 V,180W,0.65 A,1440 r/min	1
2	QF	断路器	DZ47-63	380 V,25 A,整定电流 20 A	1
3	FU1	熔断器	RL1-60/25A	500 V,60 A,配 25 A 熔体	3
4	FU2	熔断器	RT18-32	500 V,配 2 A 熔体	2

续表

序号	代号	名称	型号	规格	数量
5	KM	交流接触器	CJX-22	线圈电压 220 V,电流 20 A	2
6	SB	按钮	LA-18	5 A	3
7	KH	热继电器	JR16-20/3	三相,20 A,整定电流 1.55 A	1
8	KS	速度继电器	JY1	380 V,2 A	1
9	XT	端子板	TB1510	600 V,15 A	1
10		电路板安装套件			1

二、安装步骤及工艺要求

(1)根据表 3-2 配齐所用电气元件,并检查元件质量。

(2)根据图 3-3 画出电气元件布置图(图 3-4),并完成电气安装接线图(图 3-5)。

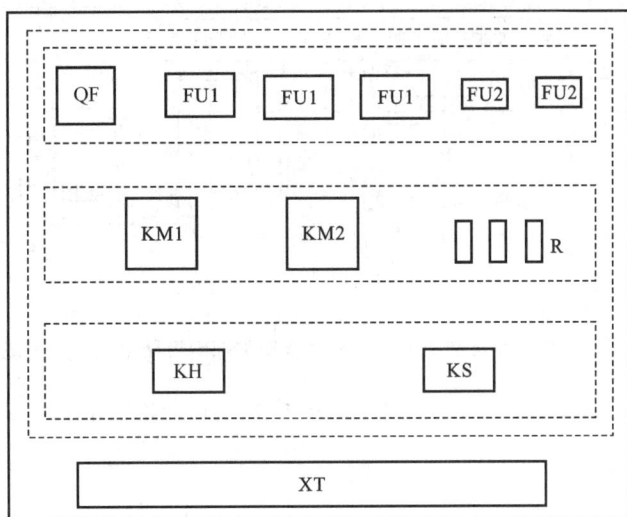

图 3-4 三相异步电动机单向起动反接制动控制电路电气元件布置图

(3)根据图 3-4 安装元件、安装线槽,各元件的安装位置整齐、匀称,间距合理。

(4)布线以接触器为中心,由里向外、由低至高,按电源电路、控制电路、主电路的顺序进行,以不妨碍后续布线为基本原则。同时,布线应层次分明,不得交叉。

(5)安装速度继电器。安装时,将速度继电器的连接头与电动机转轴直接连接,并使电动机转轴与速度继电器转轴的中心线重合。

(6)连接速度继电器与控制板接线。

(7)连接制动电阻。

(8)连接电动机和按钮金属外壳的保护接地线。

(9)整定热继电器。

(10)检查。通电前,应认真检查有无错接、漏接等会造成不能正常运转或短路事故的现象。

(11)通电试车。通电试车时,注意观察接触器、继电器运行情况,观察电动机运转是否正常,若有异常现象应马上停车。

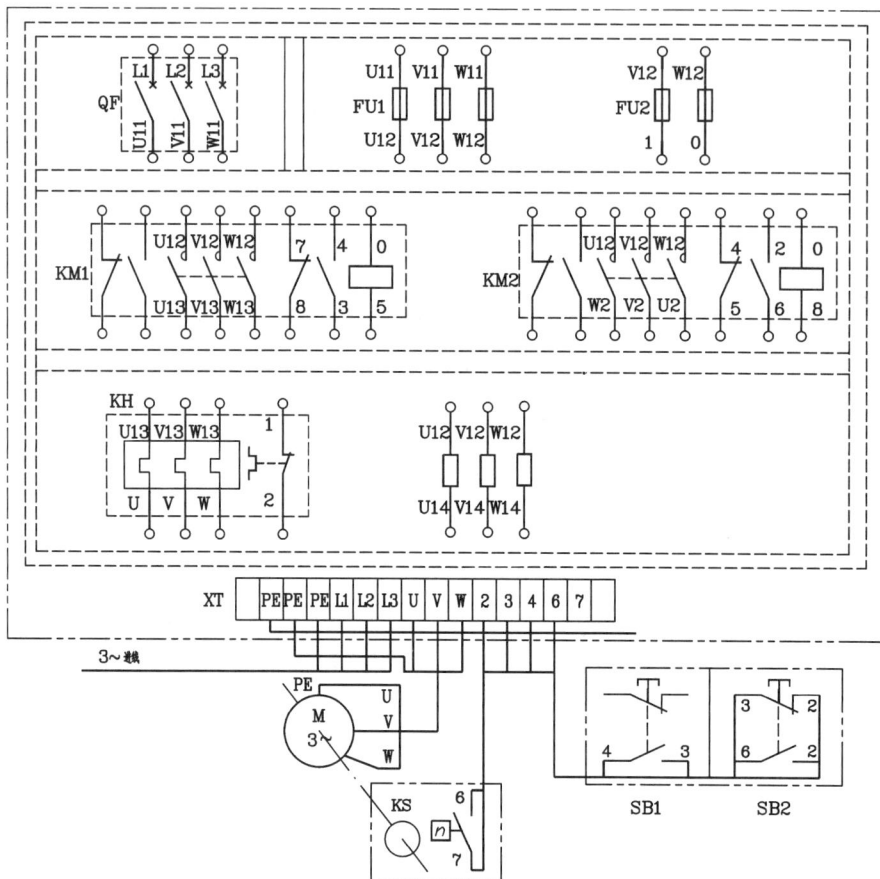

图 3-5　三相异步电动机单向起动反接制动控制电路电气安装接线图

（12）试车完毕，应遵循停转、切断电源、拆除三相电源线、拆除电动机线的顺序整理电路。

➤ 技能训练

三相异步电动机反接制动控制电路的安装与调试

1. 实训目标

理解三相异步电动机反接制动的实现方法，识读三相异步电动机反接制动控制电路的工作原理，完成电路的安装与调试。

2. 实训内容

根据三相异步电动机反接制动控制电路图、电气安装接线图以及工艺要求完成电路连接，并能进行电路的检查和故障排除。

3. 实训工具、仪表和器材

（1）工具：螺钉旋具（十字槽、一字槽）、电笔、剥线钳、尖嘴钳、老虎钳等。

（2）仪表：绝缘电阻表、万用表。

（3）器材：按照表 3-2 准备。

4. 实训步骤

根据任务实施的相关内容,完成三相异步电动机反接制动控制电路的安装、接线与调试。

5. 技能训练与成绩评定

1)训练要求

(1)在规定时间内按工艺要求完成三相异步电动机反接制动控制电路的安装,且通电试验成功。

(2)安装工艺达到基本要求,线头长短适当,接触良好。

(3)遵守安全规程,做到文明生产。

2)成绩评定

安装的技术要求及评分细则如表 3-3 所示。

表 3-3　三相异步电动机反接制动控制电路的安装自评表

项目	技术要求	配分	评分细则	评分记录
安装前检查	正确检查所需元件	5	电气元件漏检或错检,每个扣 1 分	
安装元件	按电气元件布置图合理安装元件	15	不按布置图安装,扣 3 分;元件安装不牢固,每个扣 0.5 分;元件安装不整齐、不合理,扣 1.5 分;整流元件安装不符合要求,扣 5 分;损坏元件,扣 10 分	
布线	按控制电路图正确接线	40	不按控制电路图接线,扣 10 分;线槽内导线交叉超过 3 处,扣 3 分;线槽对接不成 90°,每处扣 1 分;接点松动,露铜过长,反圈,有毛刺,标记线号不清楚、遗漏或误标,每处扣 0.5 分;损伤导线,每处扣 1 分	
通电试车	正确整定元件,检查无误,通电试车一次成功	40	热继电器未整定或错误,扣 5 分;熔体选择错误,每组扣 10 分;时间未整定或错误,扣 5 分;速度制动电流未整定或错误,扣 5 分;试车不成功,每返工一次扣 5 分	
额定工时 120 min	超时,此项从总分中扣分(速度继电器安装时间另计)		每超过 5 min,从总分中扣 3 分,但不超过 10 分	
安全、文明生产	符合安全、文明生产要求(此项从总分中扣分)		违反安全文明生产规定,从总分中扣 5 分	

➤ 拓展知识

机械制动——三相异步电动机电磁抱闸制动电路

一、电磁抱闸制动器

电磁抱闸制动器是一种应用广泛的机械制动装置,它具有较大的制动力,能准确及时地使被制动对象停止运动。在起重机械的提升机构中,如果没有制动器,则所吊起的重物就会因自重而自动高速下降,从而造成设备和人身事故。电磁抱闸制动器的结构和符号如图 3-6 所示。

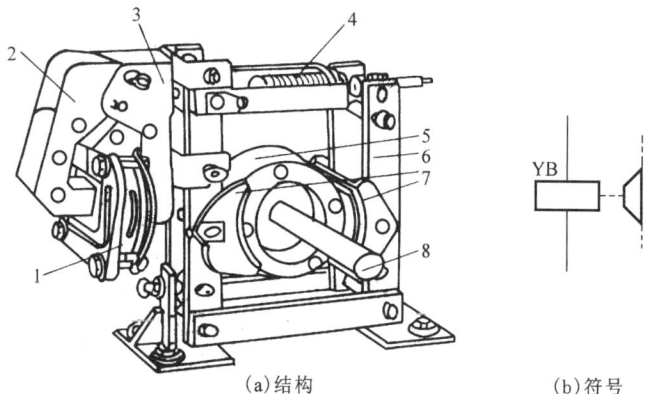

(a)结构　　　　　　　(b)符号

图 3-6　电磁抱闸制动器的结构和符号

1—线圈;2—衔铁;3—铁芯;4—弹簧;5—闸轮;6—杠杆;7—闸瓦;8—轴

电磁抱闸主要包括制动电磁铁和闸瓦制动器两部分。制动电磁铁由铁芯、衔铁和线圈三部分组成,有单相和三相之分。闸瓦制动器由闸轮、闸瓦、杠杆与弹簧等部分组成,其中闸轮与电动机装在同一根转轴上,制动强度可通过调整机械结构来改变。电磁抱闸类型可分为通电制动型和断电制动型两种。如果弹簧选用拉簧,则闸瓦平时处于"松开"状态,这种类型称为通电型电磁抱闸;如果弹簧选用压簧,则闸瓦平时处于"抱住"状态,这种类型称为断电型电磁抱闸。

断电制动型电磁抱闸的性能是:当线圈得电时,闸瓦与闸轮分开,无制动作用;当线圈断电时,闸瓦将紧紧抱住闸轮实现制动。

通电制动型电磁抱闸的性能是:当线圈得电时,闸瓦紧紧抱住闸轮实现制动;当线圈断电时,闸瓦与闸轮分开,无制动作用。

初始状态不同,相应的控制电路也就不同。但无论是通电型电磁抱闸还是断电型电磁抱闸,有一个原则是相同的,即电动机运转时闸瓦应与闸轮分开,电动机停转时闸瓦应抱住闸轮。

二、电磁抱闸制动控制电路

1. 断电制动型电磁抱闸制动控制电路

在电梯、起重机及卷扬机等升降机械上,采用的制动闸是在断电时处于"抱住"状态的制动装置。其控制电路如图 3-7 所示。

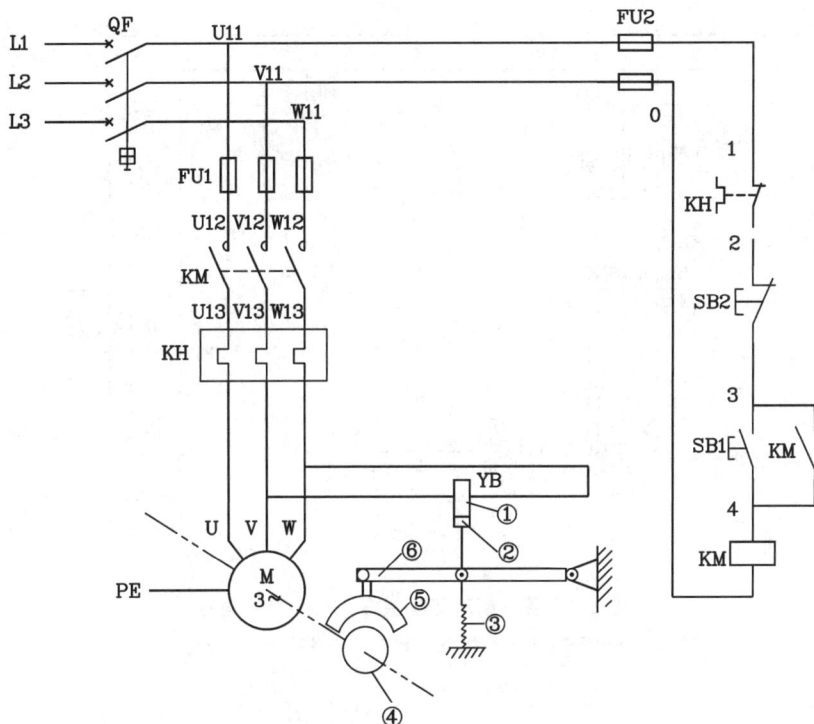

图 3-7　断电制动型电磁抱闸制动控制电路

①—线圈；②—衔铁；③—弹簧；④—闸轮；⑤—闸瓦；⑥—杠杆

1)工作过程分析

起动过程:起动过程与具有自锁的电动机单向起动过程相同。

按下 SB1 → KM 线圈得电自锁→电动机起动,同时 YB 线圈得电→制动器松闸。

制动过程:按下 SB2 → KM、YB 线圈断电释放→制动器抱闸,实现制动。

2)电路特点

这种制动方法不会因中途断电或电气故障的影响而造成事故,比较安全可靠;缺点是切断电源后,电动机轴就被刹住而不能继续转动,不便调整。有些生产机械(如机床等)有时还需要通过人工转动电动机的转轴,这时就应采用通电制动型电磁抱闸制动控制电路。

2. 通电制动型电磁抱闸制动控制电路

在机床等经常需要调整加工工件位置的机械设备中,采用的制动闸是平时处于"松开"状态的制动装置。其控制电路如图 3-8 所示。

1)工作过程分析

起动过程:

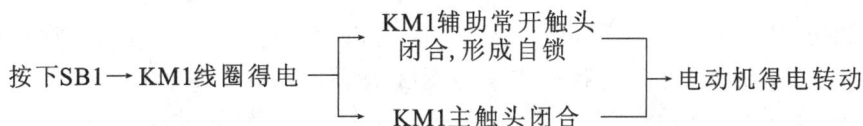

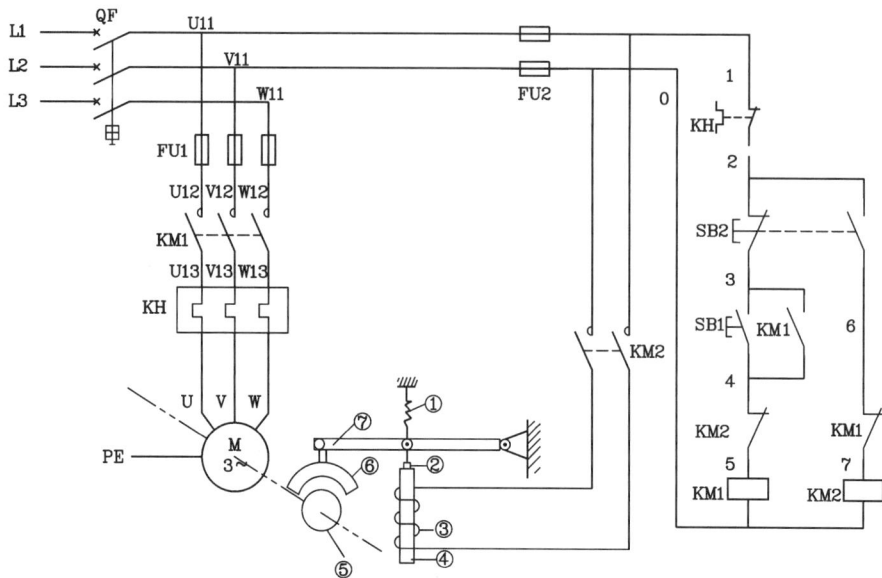

图 3-8 通电制动型电磁抱闸制动控制电路

①—弹簧；②—衔铁；③—线圈；④—铁芯；⑤—闸轮；⑥—闸瓦；⑦—杠杆

停止过程：

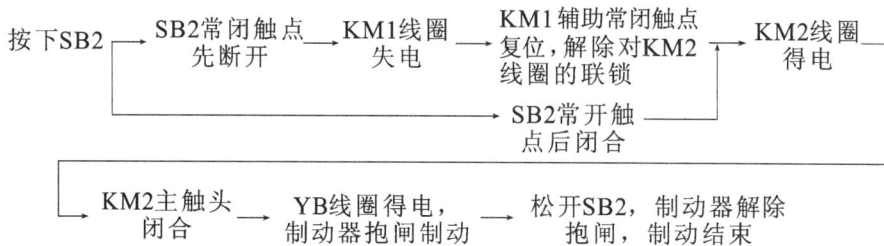

2）电路特点

在电动机不转动的常态下，电磁抱闸线圈无电流，抱闸与闸轮处于松开状态。如用于机床，在电动机未通电时，可以用手转动主轴以便调整和对刀；只有将停止按钮 SB2 按到底，接通 KM2 线圈电路时才有制动作用，如只要停车而无须制动时，可不必将 SB2 按到底。这样就可以根据实际需要，判断是否要制动，从而延长电磁抱闸的使用寿命。

➤ 思考与练习

一、单项选择题

1.三相异步电动机的反接制动方法是指制动时向三相异步电动机定子绕组中通入（   ）。

A.单相交流电　　　　B.三相交流电　　　　C.直流电　　　　D.反相序三相交流电

2.三相异步电动机采用反接制动，切断电源后，应使电动机（   ）。

A.转子回路串联电阻　　　　　　　　B.定子绕组的两相绕组反接

C.转子绕组进行反接　　　　　　　　D.定子绕组中通入直流电

3.反接制动时,旋转磁场反向,与电动机转动方向(　　)。

A.相反　　　　　　　　B.相同　　　　　　　　C.不变　　　　　　　　D.不确定

4.速度继电器一般用于(　　)。

A.三相异步电动机的正、反转控制　　　　　　B.三相异步电动机的多地控制

C.三相异步电动机的反接制动控制　　　　　　D.三相异步电动机的能耗制动控制

5.起重机中所用电磁制动器的工作情况为(　　)。

A.通电时电磁抱闸将电动机抱住　　　　　　B.断电时电磁抱闸将电动机抱住

C.A、B两种情况都不是　　　　　　　　　　D.A、B两种情况都可以

二、判断题

(　　)1.速度继电器的触头状态取决于其线圈是否得电。

(　　)2.电动机采用制动措施是为了停车平稳。

(　　)3.在反接制动控制电路中,必须采用以时间为变化参量的方法进行控制。

(　　)4.反接制动时由于制动电流较大,对电动机产生的冲击比较大,因此应在定子回路中串联限流电阻,而且该方法仅适用于小功率异步电动机的制动。

(　　)5.电磁抱闸是起重机常用的制动装置。

三、简答题

1.在图3-5所示的三相异步电动机单向起动反接制动控制电路中,若速度继电器触头接错,常开触头错接成常闭触头,将发生什么现象? 为什么?

2.如何采用时间原则实现电动机单向起动反接制动控制电路? 画出其电气原理图。

3.简述三相异步电动机反接制动的定义、特点和适用场合。

4.常用的制动方法有几种? 常用的机械制动和电气制动的方法各有哪些?

5.请将本任务的知识点以思维导图的形式呈现出来。

◀ 任务 2 三相异步电动机能耗制动控制电路的安装与调试 ▶

➤ 工作任务

铣床是一种应用非常广泛的机床,其主要运动是铣刀的旋转运动,其进给运动一般是工作台带动工件的运动。铣床加工工件精度要求高,为了保证加工精度,主轴需要迅速停止,一般采用能耗制动方法,既能保证停止迅速,又能平稳制动。

➤ 任务目标

(1)能够正确分析能耗制动控制电路的工作原理。
(2)能够根据电路图进行能耗制动控制电路的安装。
(3)能够正确分析并快速排除电路故障。

➤ 引导问题

(1)阐述能耗制动的工作原理。
(2)分析能耗制动的特点。

➤ 基础知识

一、能耗制动原理

三相异步电动机能耗制动原理如图 3-9 所示。当切断电源后,交流电动机转子仍沿原方向惯性旋转,这时在电动机 V 和 W 两相定子绕组中通入直流电,使定子绕组产生一个恒定磁场(一对磁极),这样惯性旋转的转子切割磁力线而在转子绕组中产生感应电流,其方向用右手定则判断,感应电流从上面流入($\otimes$),从下面流出($\odot$)。转子绕组中的感应电流又立即受到静止磁场的作用,产生电磁转矩 F,其方向用左手定则判断。此时转矩的方向正好与电动机旋转的方向相反,使电动机受到制动力而迅速停转。

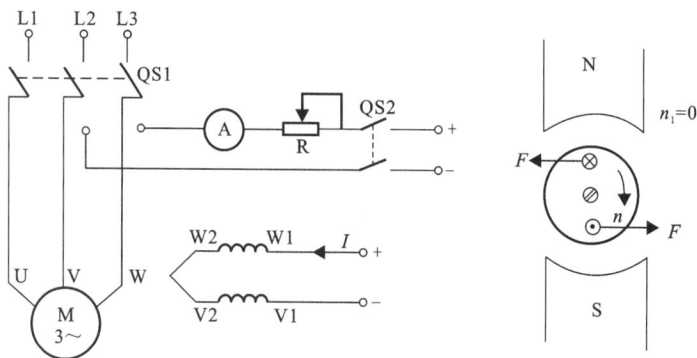

图 3-9 三相异步电动机的能耗制动原理

二、制动直流电源

能耗制动时产生的制动力矩大小与通入定子绕组的直流电流大小、电动机转速的高低以及转子电路中的电阻有关。电流越大,产生的磁场就越强,而转速越高,转子切割磁场的速度就越大,产生的制动力矩也就越大。对于笼式异步电动机,增大制动力矩只能通过增大通入电动机的直流电流来实现,而通入的直流电流又不能太大,过大会烧坏电动机定子绕组。要在定子绕组中串联电阻,以限制能耗制动电流。因此,能耗制动所需的直流电流要进行计算,计算步骤如下:

(1)首先测量出电动机三相绕组中任意两相之间的电阻值 $R(\Omega)$,也可查阅电动机手册获得。

(2)测量电动机的空载电流 $I_0(\mathrm{A})$。可查阅电动机手册,也可估算,一般小型电动机的空载电流为额定电流的 $30\%\sim70\%$,大中型电动机的空载电流为额定电流的 $20\%\sim40\%$。

(3)计算能耗制动所需的直流电流 $I_L=KL(\mathrm{A})$,以及直流电压 $U_L=I_LR(\mathrm{V})$。K 一般取 $3.5\sim4$,对转速高、惯性大的电动机,K 取上限值 4。

三、能耗制动控制电路原理

能耗制动就是在运行中的三相异步电动机停车时,在切除三相交流电源后,立即在定子绕组的任意两相中通入直流电,以获得大小和方向都不变化的恒定磁场,从而产生一个与电动机原来的转矩方向相反的电磁转矩以实现制动;当电动机转速下降到 0 时,再切除直流电源的制动方法。能耗制动的优点是能耗小,制动电流小,制动准确度较高,制动转矩平滑;缺点是需直流电源整流装置,设备费用高,制动力较弱,制动转矩与转速成比例减小。能耗制动适用于电动机能量较大,制动频繁,要求制动平稳、停位准确的场合。能耗制动是一种应用很广泛的电气制动方法,常用在铣床、龙门刨床及组合机床的主轴定位中等。

能耗制动控制电路有单相半波整流和有变压器单相桥式整流两种形式。(无变压器)单相半波整流能耗制动线路简单,成本低,适用于 10 kW 以下电动机且制动要求不高的场合。10 kW 以上电动机多采用有变压器单相桥式整流能耗制动控制方式。单相半波整流能耗制动控制电路如图 3-10 所示,有变压器单相桥式整流能耗制动控制电路如图 3-11 所示。

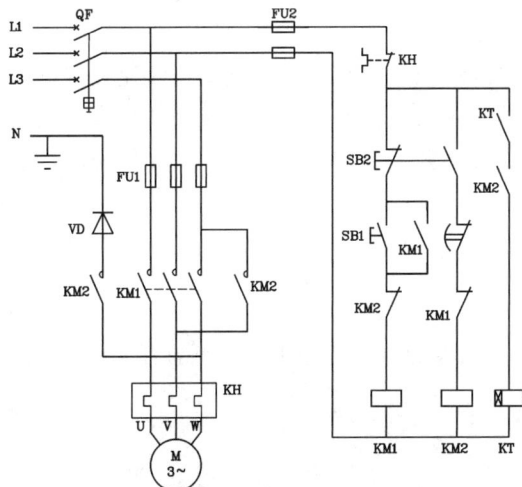

图 3-10 单相半波整流能耗制动电路

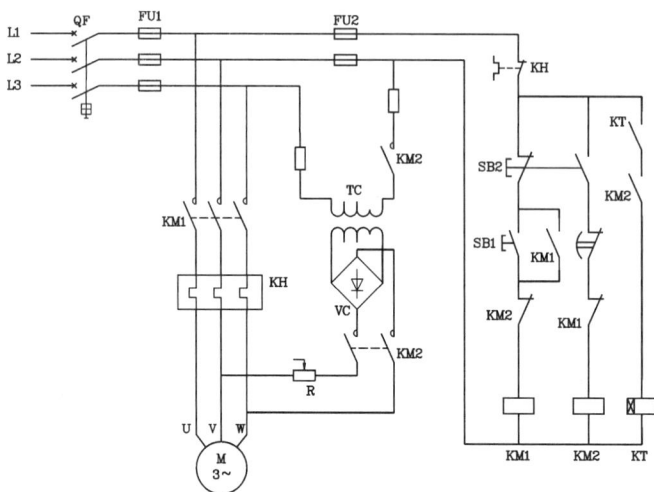

图 3-11 有变压器单相桥式整流能耗制动控制电路

1.电路工作过程分析

(1)合上电源开关 QF →按下起动按钮 SB1 →交流接触器 KM1 线圈通电并自锁→三相异步电动机 M 全压起动运行。

(2)当需要制动时,按下停止按钮 SB2 → SB2 动断触点先断开→交流接触器 KM1 线圈失电→ KM1 的主触点复位断开→三相异步电动机 M 断电,但由于惯性的作用,电动机 M 转子继续旋转。

(3)停止按钮 SB2 的动合触点后闭合→交流接触器 KM2 和时间继电器 KT 线圈同时得电→ KM2 动合辅助触点和 KT 动合触点闭合,形成自锁→ KM2 主触点闭合→给三相异步电动机 M 两相定子绕组通入直流电流,进行能耗制动。

(4)当达到时间继电器 KT 的整定值时,KT 延时动断触点断开→交流接触器 KM2 线圈失电→ KM2 主触点复位断开→断开直流电源,能耗制动结束,同时,KM2 动合辅助触点复位断开→时间继电器 KT 线圈失电→ KT 延时动断触点复位闭合,为下次起动做准备。

2.电路特点

(1)能耗制动没有反接制动强烈,制动平稳,制动电流比反接制动电流小得多,所消耗的能量小,通常适用于电动机功率较大,起动、制动操作频繁的场合,如磨床、龙门刨床等控制电路。

(2)能耗制动需附加直流电源装置,制动力量较弱,在低速时,制动转矩较小。

➤ **任务实施**

一、所需的工具、材料

(1)图 3-11 所示能耗制动控制电路所需工具包括常用电工工具、万用表、直流电流表等。

(2)所需材料见表 3-4。

二、安装步骤及工艺要求

(1)根据表 3-4 配齐所用电气元件,并检查元件质量。

(2)根据控制电路图画出电气元件布置图,如图 3-12 所示。

表 3-4 电气元件明细表

图上代号	元件名称	型号规格	数量	备注
M	三相交流异步电动机	Y112M-4/4 kW,△接法,380 V,8.8 A,1440 r/min	1	
QF	自动开关	C65ND10/3P	1	
FU1	熔断器	RL1-60/25 A	3	
FU2	熔断器	RL1-15/2 A	2	
FU3、FU4	熔断器	RL1-15/15 A	2	
KM1、KM2	交流接触器	CJ10-10,380 V	2	
KH	热继电器	KH36-20/3,整定电流 8.8 A	1	
KT	时间继电器	JS7-2A,380 V	1	
VC	整流二极管	10 A,300 V	4	
TC	变压器	BK-500,380/110 V	1	
R	可调电阻	2Q/1 kW	1	
SB1	起动按钮	LA10-2H	1	绿色
SB2	停止按钮		1	黑色
XT1、XT2	接线端子	JX2-Y010	2	
	导线	BVR 1.5 mm², 1 mm²	若干	
	冷压接头	1 mm²	若干	
	塑料线槽	40 mm×40 mm	5 m	
	记号笔	黑色	1	
	网孔板	500 mm×400 mm	2	1块,作整流用

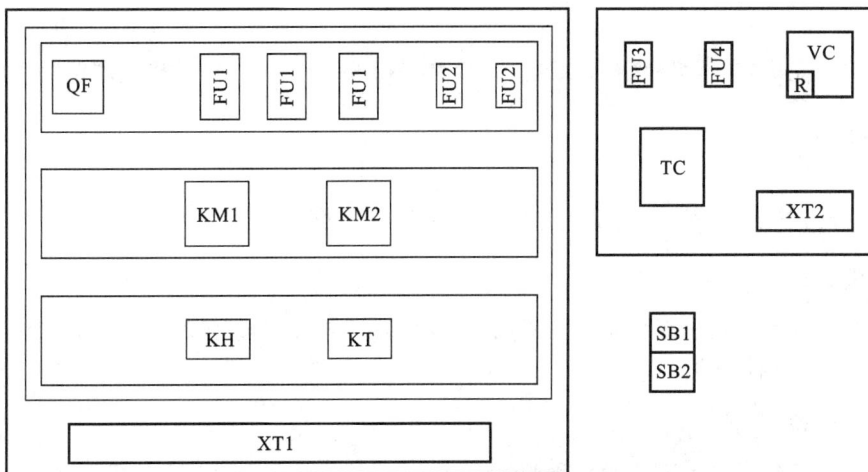

图 3-12 电气元件布置图

(3)根据电气元件布置图安装元件、线槽,各元件的安装位置应整齐、匀称,间距合理。

(4)布线以接触器为中心,由里向外、由低至高,按电源电路、控制电路、主电路的顺序进行,以不妨碍后续布线为基本原则。同时,布线应层次分明,不得交叉。

(5)安装、布置制动单元部分。

(6)连接制动单元直流电源与主控制板。

(7)连接电动机和按钮金属外壳的保护接地线。

(8)连接电动机和电源。

(9)整定热继电器。

(10)通电前,应认真检查有无错接、漏接等会造成不能正常运转或短路事故的现象。

(11)通电调试。

①调试制动电流。若制动电流过小,则制动效果差;若制动电流大,则会烧坏绕组。Y112M-4/4 kW的电动机所需制动电流为 14 A,如不相符,则应调整可调电阻 R。调试方法如下:

a.断开直流电路 105 线,串联接入一个 20 A 的直流电流表,如图 3-13 所示。

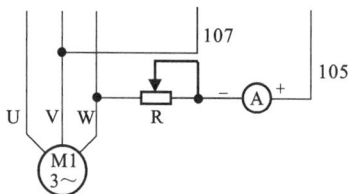

图 3-13　电动机制动电流调试

b.按下停止按钮 SB2,观察电流表的指示值。根据电流的大小调整可调电阻 R。

c.调整后拆除电流表,恢复接线。

注意:电流表的极性不要接反;应点动 SB2,以免烧坏绕组。

②调试制动时间。根据电动机制动情况调节时间继电器 KT 的时间;若已经制动停车,但 KM2 没有断开,则应将时间调短;若还没有制动停车,但 KM2 已经断开,则将时间调长。

(12)调试完毕,通电试车。试车时,注意观察接触器、继电器运行情况,观察电动机运转是否正常,若有异常现象应马上停车。

(13)试车完毕,应遵循停转、切断电源、拆除三相电源线、拆除电动机线的顺序整理电路。

➤ 技能训练

三相异步电动机能耗制动控制电路的安装与调试

1. 实训目标

理解三相异步电动机能耗制动的实现方法,识读三相异步电动机能耗制动控制电路的工作原理,完成电路的安装与调试。

2. 实训内容

根据三相异步电动机能耗制动控制电路图、电气安装接线图以及工艺要求完成电路连接,并能进行电路的检查和故障排除。

3. 实训工具、仪表和器材

(1)工具:螺钉旋具(十字槽、一字槽)、电笔、剥线钳、尖嘴钳、老虎钳等。

(2)仪表:绝缘电阻表、万用表。

(3)器材:按照表 3-4 准备。

4. 实训步骤

根据任务实施的相关内容,完成三相异步电动机能耗制动控制电路的安装与调试。

5. 技能训练与成绩评定

1)训练要求

(1)在规定时间内按工艺要求完成三相异步电动机能耗制动控制电路的安装,且通电试验成功。

(2)安装工艺达到基本要求,线头长短适当,接触良好。

(3)遵守安全规程,做到文明生产。

2)成绩评定

安装的技术要求及评分细则如表 3-5 所示。

表 3-5 三相异步电动机能耗制动控制电路的安装自评表

项目	技术要求	配分/分	评分细则	评分记录
安装前检查	正确检查所需元件	5	电气元件漏检或错检,每个扣 1 分	
安装元件	按电气元件布置图合理安装元件	15	不按布置图安装,扣 3 分;元件安装不牢固,每个扣 0.5 分;元件安装不整齐、不合理,扣 1.5 分;整流元件安装不符合要求,扣 5 分;损坏元件,扣 10 分	
布线	按控制电路图正确接线	40	不按控制电路图接线,扣 10 分;线槽内导线交叉超过 3 处,扣 3 分;线槽对接不成 90°,每处扣 1 分;接点松动,露铜过长,反圈,有毛刺,标记线号不清楚、遗漏或误标,每处扣 0.5 分;损伤导线,每处扣 1 分	
通电试车	正确整定元件,检查无误,通电试车一次成功	40	热继电器未整定或错误,扣 5 分;熔体选择错误,每组扣 10 分;时间未整定或错误,扣 5 分;速度制动电流未整定或错误,扣 5 分;试车不成功,每返工一次扣 5 分	
额定工时 120 min	超时,此项从总分中扣分(速度继电器安装时间另计)		每超过 5 min,从总分中扣 3 分,但不超过 10 分	
安全、文明生产	符合安全、文明生产要求(此项从总分中扣分)		违反安全文明生产规定,从总分中扣 5 分	

➤ 思考与练习

一、单项选择题

1.三相异步电动机的能耗制动方法是制动时向三相异步电动机定子绕组中通入（　　）。
A. 单相交流电　　　　B. 三相交流电　　　　C. 直流电　　　　D. 反相序三相交流电

2.三相异步电动机采用能耗制动,切断电源后,应将电动机（　　）。
A. 转子回路串联电阻　　　　　　　　B. 定子绕组两相绕组反接
C. 转子绕组反接　　　　　　　　　　D. 定子绕组通入直流电

3.对于要求制动准确、平稳的场合,应采用（　　）制动。
A. 反接　　　　　　B. 能耗　　　　　　C. 电容　　　　　　D. 再生发电

4.能耗制动适用于三相异步电动机（　　）的场合。
A. 容量较大、制动频繁　　　　　　B. 容量较大、制动不频繁
C. 容量较小、制动频繁　　　　　　D. 容量较小、制动不频繁

5.在图 3-11 中,整流桥的直流输出电压平均值是交流输入电压有效值的（　　）。
A. 0.45　　　　　　B. 0.9　　　　　　C. $\sqrt{2}$　　　　　　D. $\sqrt{3}$

二、判断题

（　　）1.能耗制动比反接制动所消耗的能量小,制动平稳。

（　　）2.能耗制动的制动转矩与通入定子绕组中的直流电流大小成正比,因此电流越大越好。

（　　）3.时间原则控制的能耗制动控制电路中,时间继电器整定时间过长会引起定子绕组过热。

（　　）4.速度原则控制的能耗制动控制电路中,速度继电器常开触头的作用是避免电动机反转。

（　　）5.至少有两相定子绕组中通入直流电,才能实现能耗制动。

三、简答题

1.简述三相异步电动机能耗制动的定义、特点及适用场合。

2.直流电源能否长时间作用于交流电动机的定子绕组？一般采用哪些方法及时断开直流电源？

3.试设计三相交流异步电动机双重互锁正、反转起动能耗制动控制电路。

4.请将本任务的知识点以思维导图的形式呈现出来。

项目 4
三相异步电动机调速控制电路设计、安装与调试

4

　　一般机床的电动机只有一种转速,但在有些机床中,如 T68 型镗床和 M1432A 型万能外圆磨床中,为了得到较宽的主轴调速范围,就采用了双速电动机来传动,这样就可以减弱减速器的复杂性。双速电动机是指通过不同的连接方式可以得到两种不同转速(即低速和高速)的电动机。

　　双速异步电动机控制电路有按钮-接触器控制的双速电动机控制电路、时间继电器控制的双速电动机控制电路等。本项目将带领大家认识双速异步电动机,理解它的变速原理,学习双速异步电动机控制电路的工作原理,学会安装、调试和检修双速电动机控制电路。

学习目标

知识目标

(1)了解双速电动机控制电路的工作原理。

(2)会识读双速电动机控制电路图。

(3)通过实训,能独立完成双速电动机控制电路的安装与调试。

(4)学会处理通电试车中出现的故障。

能力目标

(1)学会分析双速电动机控制电路。

(2)掌握双速电动机控制电路的安装与调试。

素质目标

(1)学生应树立职业意识,并按照企业的"6S"(整理、整顿、清扫、清洁、素养、安全)质量管理体系要求自己。

(2)操作过程中,必须时刻注意安全用电,严格遵守电工安全操作规程。

(3)爱护工具和仪器仪表,自觉做好维护和保养工作。

(4)具有吃苦耐劳、爱岗敬业、团队合作、勇于创新的精神,具备良好的职业道德。

安全规范

(1)实训室内必须着工装,严禁穿凉鞋、背心、短裤、裙装进入实训室。

(2)使用绝缘工具,并认真检查工具绝缘性能是否良好。

(3)停电作业时,必须先验电,确认无误后方可工作。

(4)带电作业时,必须在教师的监护下进行。

(5)树立安全和文明生产意识。

◀ 任务 1　双速电动机控制电路的安装与调试 ▶

➤ 工作任务

冷却塔作为火力发电厂循环冷却水的装置和建筑,为了保证冷却水的冷却效果,装设有冷却塔风机。该风机在环境温度低时,采用低速控制,在夏季温度高时,则采用高速控制,是一种双速电动机。

➤ 任务目标

(1)识读按钮-接触器控制的双速电动机控制电路图。
(2)了解电动机变极调速的原理。
(3)根据控制电路图安装按钮-接触器控制的双速电动机控制电路。
(4)正确调试按钮-接触器控制的双速电动机控制电路。
(5)对电路出现的故障能正确、快速地排除。

➤ 引导问题

(1)三相异步电动机调速方式有哪些?
(2)分析电动机变极调速的优缺点。

➤ 基础知识

双速电动机调速方式属于异步电动机变极调速,是通过改变定子绕组的连接方法达到改变定子旋转磁场磁极对数,从而改变电动机的转速的目的。根据公式 $n_1=60f/p$ 可知,异步电动机的同步转速 n_1 与磁极对数 p 成反比。磁极对数增加一倍,同步转速 n_1 下降至原转速的一半,电动机额定转速 n 也将下降近一半,所以改变磁极对数可以达到改变电动机转速的目的。这种调速方法是有级的,不能平滑调速,而且只适用于笼型电动机。

一、双速电动机的调速方法及接线方法

三相交流异步电动机调速方法有以下 3 种:
(1)改变三相电源频率(变频调速)。
(2)改变转差率 s。
(3)改变磁极对数 p。

通常通过改变电动机的磁极对数 p 来改变电动机的转速。三相多速异步电动机有双速、三速、四速等,分为倍极调速(2/4、4/8)和非倍极调速(如 4/6、6/8)两大类。多速异步电动机调速方法是有级的,不能平滑调速,而且只适用于笼型电动机。绕组常用的接法有△/YY 和 Y/YY,分别如图 4-1 和图 4-2 所示。

△/YY 接线方式中,定子绕组接成三角形,3 根电源线接在接线端 U1、V1、W1 上,从每相

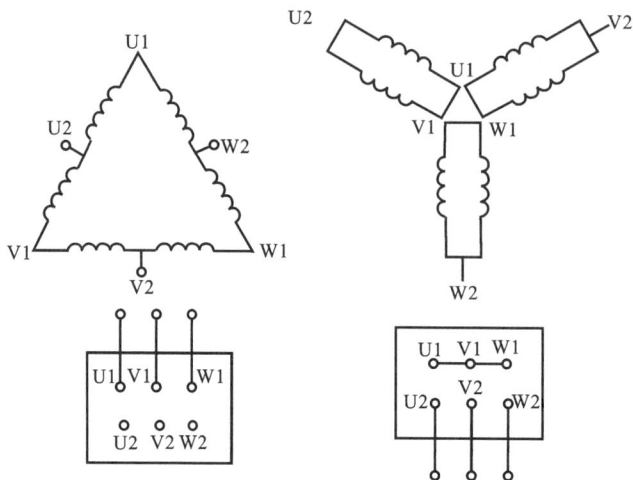

(a)每一相的两个半绕组串联　(b)每一相的两个半绕组并联

图 4-1　4/2 极双速异步电动机定子绕组△/YY 接线方式

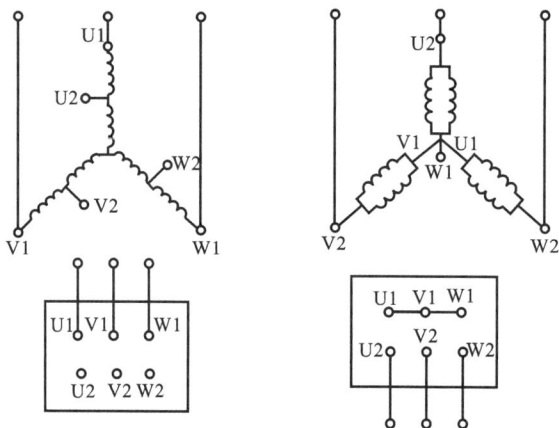

(a)每一相的两个半绕组串联　(b)每一相的两个半绕组并联

图 4-2　4/2 极双速异步电动机定子绕组 Y/YY 接线方式

绕组的中点引出接线端 U2、V2、W2,这样定子绕组共有 6 个出线端,通过改变这 6 个出线端与电源的连接方式,就可以得到不同的转速。如图 4-1(a)所示,将绕组的 U1、V1、W1 三个端接三相电源,将 U2、V2、W2 三个端悬空,三相定子绕组接成三角形。这时每一相的两个半绕组串联,电动机以 4 极运行,为低速运行。如图 4-1(b)所示,将 U2、V2、W2 三个端接三相电源,将 U1、V1、W1 串接,三相定子绕组接成双星形。这时每一相的两个半绕组并联,电动机以 2 极运行,为高速运行。

Y/YY 接线方式中,定子绕组接成星形。如图 4-2(a)所示,将绕组的 U1、V1、W1 三个端接三相电源,将 U2、V2、W2 三个端悬空,三相定子绕组接成星形。这时每一相的两个半绕组串联,电动机以 4 极运行,为低速运行。如图 4-2(b)所示,将 U2、V2、W2 三个端接三相电源,将 U1、V1、W1 串接,三相定子绕组接成双星形。这时每一相的两个半绕组并联,电动机以 2 极运行,为高速运行。

必须注意,当电动机改变磁极对数进行调速时,为保证调速前后电动机旋转方向不变,在主电路中必须交换电源相序。

二、4/2 极双速异步电动机手动控制调速电路

手动控制调速电路有低速按钮和高速按钮两个复合按钮,电动机可以低速起动,也可以高速起动,在电动机运行状态下能够进行高速或低速的切换,适用于小容量双速电动机的控制。4/2 极双速异步电动机手动控制调速电路如图 4-3 所示。

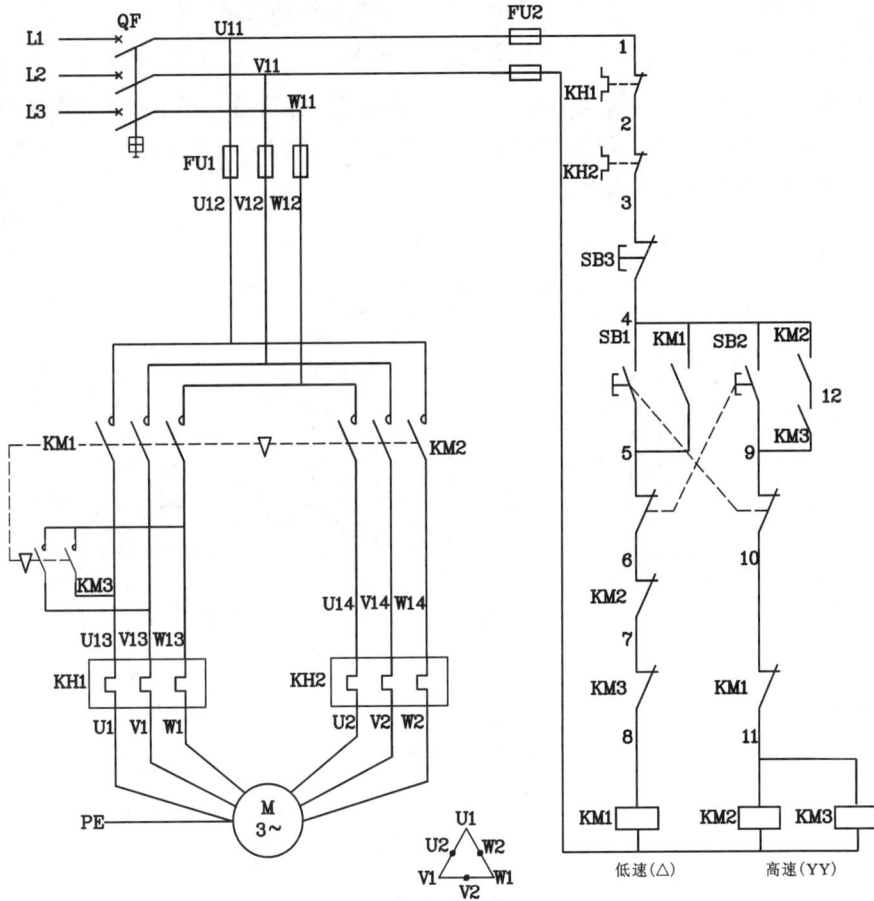

图 4-3　4/2 极双速异步电动机手动控制调速电路

1. 电路工作过程分析

(1)低速起动时,合上空气开关 QF,按下低速起动按钮 SB1,SB1 动断触点先断开,切断交流接触器 KM2 和 KM3 线圈的电路,保证其不能通电,形成电气互锁;SB1 动合触点后闭合,交流接触器 KM1 线圈通电并自锁,KM1 主触点闭合,相序为 U1、V1、W1,双速电动机 M 形成△连接,低速起动运行。

(2)高速起动时,按下高速起动按钮 SB2,SB2 动断触点先断开,切断交流接触器 KM1 线圈的电路,保证其不能通电,形成电气互锁;SB2 动合触点后闭合,交流接触器 KM2 和 KM3 线圈通电并自锁,KM2 主触点闭合,相序改变为 W2、V2、U2;同时,KM3 主触点闭合,将 U1、V1、W1 短接,双速电动机 M 形成 YY 连接,高速起动运行。

(3)低速转高速或高速转低速,与起动的情况类似。

(4)按下停止按钮 SB3,无论双速电动机 M 处于低速还是高速运行中,都会断电停止运行。

2. 电路特点

(1)手动控制较为灵活,能够低速起动,也可以高速起动。

(2)运行中,可以直接改变电动机运行状态,低速变高速或高速变低速均可,但不能自动实现从低速到高速的转换,而且高速变低速时会产生较大的制动电流。

三、4/2 极双速异步电动机自动控制调速电路

自动控制调速电路采用时间继电器控制,先低速起动,低速运行稳定后才能切换到高速运行,电动机在高速运行状态下也不能直接切换到低速运行,适用于大容量电动机的控制。4/2极双速异步电动机自动控制调速电路如图 4-4 所示。

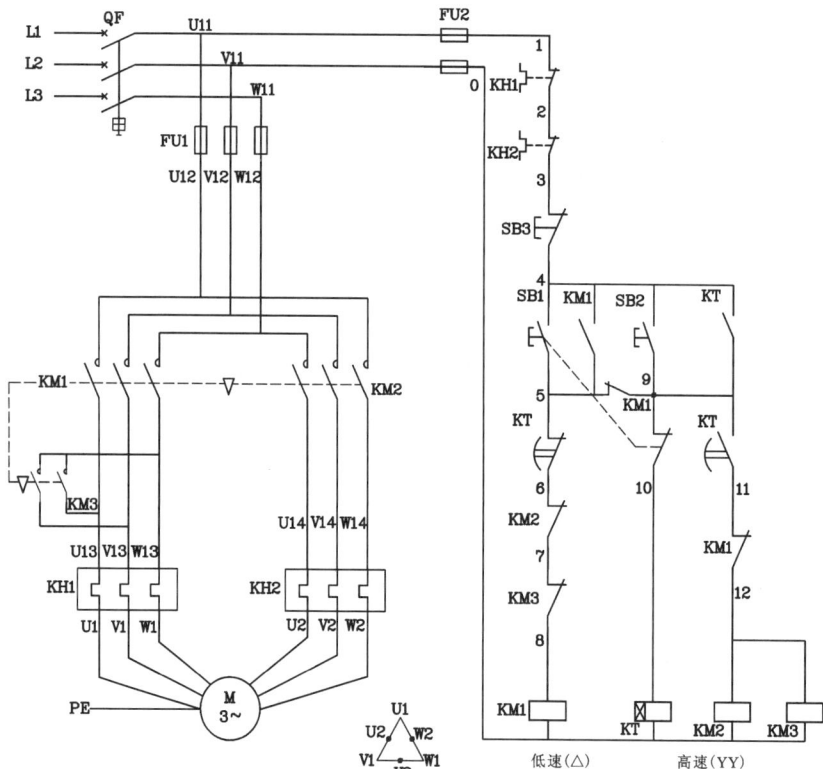

图 4-4 4/2 极双速异步电动机自动控制调速电路

1. 电路工作过程分析

1)低速运行

合上空气开关 QF,按下低速起动按钮 SB1,SB1 动断触点分断 KT 线圈,SB1 动合触点闭合,交流接触器 KM1 线圈通电并自锁,同时 KM1 互锁触点分断 KM2、KM3 线圈,KM1 主触点闭合,双速电动机 M 形成△连接,低速起动运行。

2)高速运行

(1)按下高速起动按钮 SB2,时间继电器 KT 线圈通电,时间继电器 KT 动合触点闭合,形成自锁,并按整定时间延时,交流接触器 KM1 线圈通电并自锁,KM1 主触点闭合,双速电动

机 M 形成△连接,低速起动运行。

(2)延时时间到,KT 通电延时动断触点断开,交流接触器 KM1 线圈失电,KM1 主触点断开;同时,KT 通电延时动合触点闭合,交流接触器 KM2 和 KM3 线圈通电,KM2 互锁触点分断 KM1 线圈;KM2 自锁触点闭合,形成自锁,KM2、KM3 主触点闭合,双速电动机 M 形成 YY 连接,高速起动运行;KM3 辅助动断触点断开,时间继电器 KT 线圈失电,KT 通电延时动合触点复位断开,但由于 KM2 辅助动合触点闭合,交流接触器 KM2 和 KM3 线圈保持通电。

(3)低速转高速,与高速起动的情况类似。

3)停止

按下停止按钮 SB3,无论双速电动机 M 处于低速还是高速运行中,都会断电停止运行。

2. 电路特点

(1)当需要电动机高速运转时,只要按下高速起动按钮 SB2,电动机就可以经低速起动后自动切换到高速运行,过程比较平稳,冲击小。

(2)在高速运行中,电动机运行状态不能直接改变为低速运行,需要按下停止按钮后,再低速起动。

➤ 任务实施

一、所需的工具、材料

(1)图 4-3 所示调速电路所需工具包括常用电工工具、万用表等。

(2)所需材料见表 4-1。

表 4-1 电气元件明细表

图上代号	元件名称	型号规格	数量	备注
M	三相交流异步电动机	YD112M-4/2,3.3/4 kW,△/YY 接法,380 V,7.3/8.6 A,1440/2890 r/min	1	
QF	空气开关	C65ND10/3P	1	
FU1	熔断器	RL1-60/25 A	3	
FU2	熔断器	RL1-15/2 A	2	
KM1、KM2、KM3	交流接触器	CJ10-10,380 V	3	
KH1	热继电器	JR36-20/3,整定电流 7.4 A	1	
KH2	热继电器	JR36-20/3,整定电流 8.6 A	1	
SB1、SB2	起动按钮	LA10-3H	3	绿色/黑色
SB3	停止按钮			红色
XT	接线端子	JX2-Y010	2	
	导线	BVR 1.5 mm²,1 mm²	若干	
	冷压接头	1.5 mm²,1 mm²	若干	
	线槽	40 mm×40 mm	5 m	

图上代号	元件名称	型号规格	数量	备注
	异型管	1.5 mm²	若干	
	记号笔	黑(红)色	1	
	网孔板	约 500 mm×400 mm	1	

二、电路安装

(1)根据表 4-1 配齐所用电气元件,并检查元件质量。

(2)根据图 4-3 画出电气元件布置图(图 4-5),完成电气安装接线图(图 4-6)。

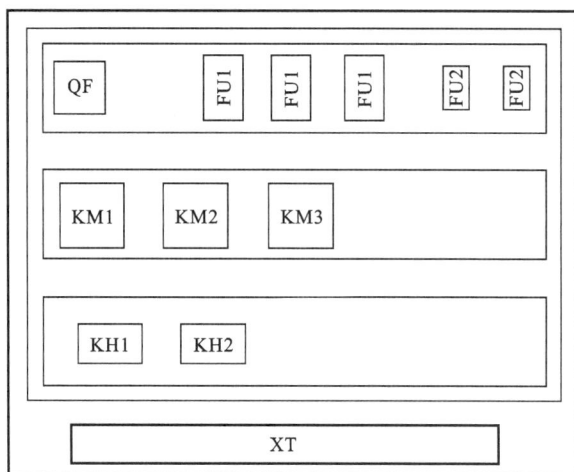

图 4-5　电气元件布置图

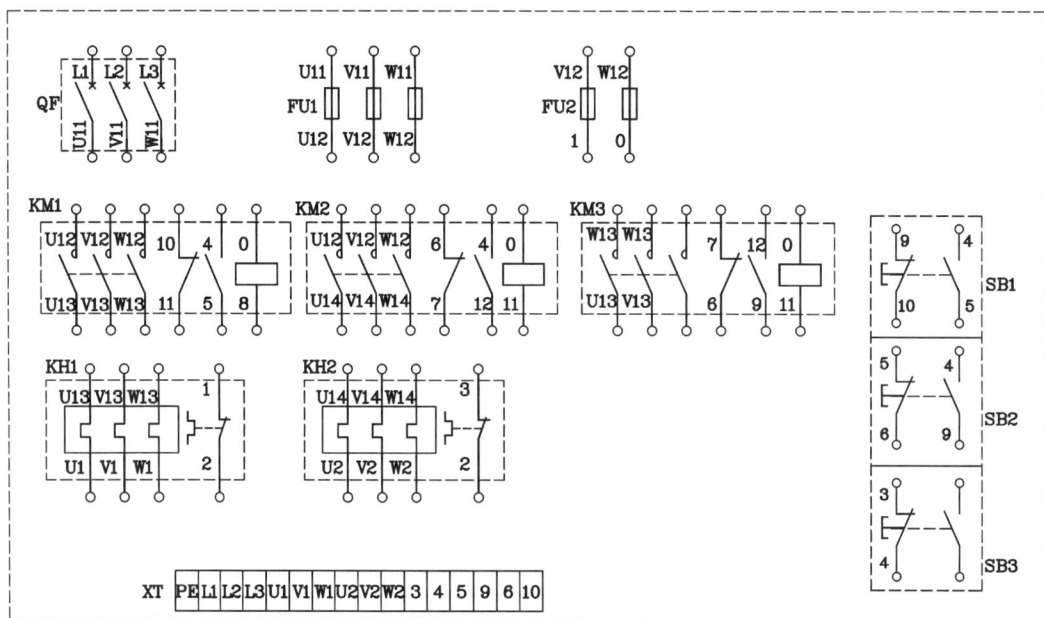

图 4-6　电气安装接线图

（3）根据电气元件布置图安装元件，安装线槽，各元件的安装位置应整齐、匀称，间距合理。

（4）布线以接触器为中心，由里向外、由低至高，按照电源电路、控制电路、主电路的顺序进行，以不妨碍后续布线为基本原则。同时，布线应层次分明，不得交叉。

（5）连接电动机和按钮金属外壳的保护接地线。

（6）连接电动机和电源。

（7）整定热继电器。

（8）通电前，应认真检查有无错接、漏接等会造成不能正常运转或短路事故的现象。

（9）通电试车。试车时，注意观察接触器情况，观察电动机运转是否正常，若有异常现象应马上停车。

（10）试车完毕，应遵循停转、切断电源、拆除三相电源线、拆除电动机线的顺序整理电路。

➤ 技能训练

双速电动机控制电路的安装与调试

1. 实训目标

理解双速电动机控制的实现方法，识读双速电动机控制电路的工作原理，完成电路的安装与调试。

2. 实训内容

根据双速电动机控制电路图、电气安装接线图以及工艺要求完成电路连接，并能进行电路的检查和故障排除。

3. 实训工具、仪表和器材

（1）工具：螺钉旋具（十字槽、一字槽）、电笔、剥线钳、尖嘴钳、老虎钳等。

（2）仪表：绝缘电阻表、万用表。

（3）器材：按照表 4-1 准备。

4. 实训步骤

根据任务实施的相关内容，完成双速电动机控制电路的安装与调试。

5. 技能训练与成绩评定

1）训练要求

（1）在规定时间内按工艺要求完成双速电动机控制电路的安装，且通电试验成功。

（2）安装工艺达到基本要求，线头长短适当，接触良好。

（3）遵守安全规程，做到文明生产。

2）成绩评定

安装的技术要求及评分细则如表 4-2 所示。

表 4-2　按钮-接触器控制的双速电动机控制电路的安装自评表

项目	技术要求	配分/分	评分细则	评分记录
安装前检查	正确检查所需元件	5	电气元件漏检或错检，每个扣 1 分	

项目	技术要求	配分/分	评分细则	评分记录
安装元件	按电气元件布置图合理安装元件	15	不按电气元件布置图安装,扣 3 分;元件安装不牢固,每个扣 0.5 分;元件安装不整齐、不合理,扣 1.5 分;损坏元件,扣 10 分	
布线	按控制电路图正确接线	40	不按控制电路图接线,扣 10 分;线槽内导线交叉超过 3 处,扣 3 分;线槽对接不成 90°,每处扣 1 分;接点松动,露铜过长,反圈,压绝缘层,标记线号不清楚、遗漏或误标,每处扣 0.5 分;损伤导线,每处扣 1 分	
通电试车	正确整定元件,检查无误,通电试车一次成功	40	热继电器未整定或错误,扣 5 分;熔体选择错误,每组扣 5 分;测量转速方法不正确,扣 5 分;试车不成功,每返工一次扣 5 分	
额定工时 120 min	超时,此项从总分中扣分		每超过 5 min,从总分中扣 3 分,但不超过 10 分	
安全、文明生产	符合安全、文明生产要求(此项从总分中扣分)		违反安全文明生产规定,从总分中扣 5 分	

➤ 思考与练习

1.双速电动机的定子绕组有几个出线端?分别画出 △/YY 接法的双速电动机在低速、高速运行时定子绕组的接线图。

2.三相交流异步电动机的调速方法有几种?

3.请将本任务的知识点以思维导图的形式呈现出来。

项目 5
典型机床控制电路的检修

5

　　机床是先进制造技术的载体和装备工业的基本生产手段，是装备制造业的基础设备，主要为汽车、军工、农机、工程机械、电力设备、铁路机车、船舶等行业服务。机床在使用过程中会发生各种电路故障，故障的检修和排除尤其重要，可以有效减少企业的经济损失。

知识目标

(1)了解典型机床的基本结构。

(2)掌握典型机床电气控制电路的工作原理。

(3)能够正确分析并识读典型机床控制系统的电路图。

(4)掌握机床电气控制系统的故障分析和判断方法。

能力目标

(1)能够识读典型机床电气控制电路图。

(2)能够正确分析并判断典型的机床电气系统故障。

(3)熟练地运用电工仪表、工具等排除典型机床电气系统故障。

素质目标

(1)学生应树立职业意识,并按照企业的"6S"(整理、整顿、清扫、清洁、素养、安全)质量管理体系要求自己。

(2)操作过程中,必须时刻注意安全用电,严格遵守电工安全操作规程。

(3)爱护工具和仪器仪表,自觉做好维护和保养工作。

(4)具有吃苦耐劳、爱岗敬业、团队合作、勇于创新的精神,具备良好的职业道德。

安全规范

(1)实训室内必须着工装,严禁穿凉鞋、背心、短裤、裙装进入实训室。

(2)使用绝缘工具,并认真检查工具绝缘性能是否良好。

(3)停电作业时,必须先验电,确认无误后方可工作。

(4)带电作业时,必须在教师的监护下进行。

(5)树立安全和文明生产意识。

学习目标

◀ 任务 1　CA6140 型卧式车床电气系统的检修 ▶

➤ 工作任务

CA6140 型卧式车床是机械制造业中应用很广泛、种类较多的一种机床,在使用过程中如出现电气故障,要能根据电气控制原理图分析和排除机床故障。

➤ 任务目标

(1)能够正确选择和使用仪表。
(2)掌握识读机床电气控制原理图的方法。
(3)掌握机床电气系统检修的基本方法。
(4)能够识读 CA6140 型卧式车床的电气控制原理图。
(5)能够正确分析、判断并快速排除 CA6140 型卧式车床的电气故障。

➤ 引导问题

(1)简述机床电路检修的几种方法及其步骤。
(2)简述 CA6140 型卧式车床的结构、作用及特点。

➤ 基础知识

一、机床电气系统检修的步骤

1. 故障调查

一般调查的步骤如下。

1)问

机床发生故障后,首先应向操作者了解故障发生的前后情况,以便根据电气设备的工作原理分析发生故障的原因。一般询问的内容如下所述。

(1)故障发生在开机前、开机后,还是发生在运行中? 是运行中机床自行停车,还是发现异常情况后由操作者停下来的?

(2)发生故障时是否听到了异常声音? 是否见到弧光、火花、冒烟? 是否闻到了焦糊味?

(3)是否拨动了什么开关、按钮?

(4)仪表及指示灯发生了什么情况?

(5)以前是否出现过类似故障? 是如何处理的?

操作者的陈述可能不完整,甚至有些陈述内容是错误的,但仍要仔细询问,因为有些故障是操作者粗心大意、对机床的性能不熟悉、采用不正确的操作方法造成的,在进行检查时应验证操作者的陈述,找到故障原因。

2）看

看故障发生后电气元件外观是否有明显的灼伤痕迹、保护电器是否脱扣动作、接线是否脱落、触点是否熔焊等。

3）听

各种机床运行时均伴有声音和振动。机床运行正常时，其声音、振动有一定规律和节奏，并保持持续和稳定，声音和振动异常就是与故障相关联的信号，也是听觉检查的关键。

4）闻

辨别有无异味。机床运动部件发生剧烈摩擦，电气绝缘层烧损，会产生油、烟气、绝缘材料的烧焦味道。

5）摸

机床电动机、变压器、接触器和继电器的线圈发生短路故障时，温度会显著上升，可切断电源后，用手去触摸检查。

2. 断电检查

机床维修切忌盲目通电，以免扩大故障或造成伤害。通电前，需要在机床断电的状态下检查以下内容。

（1）检查电源线进口处，观察电线有无碰伤，排除电源接地、短路等故障。

（2）观察电气箱内熔断器有无烧损痕迹。

（3）观察配线、电气元件有无明显的变形损坏、过热烧焦或变色。

（4）检查行程开关、继电保护装置、热继电器是否动作。

（5）检查可调电阻的滑动触点、电刷支架是否离开原位。

（6）检查断路器、接触器、继电器等电气元件的可动部分，其动作是否灵活。

（7）用兆欧表检查电动机及控制电路的绝缘电阻，一般应不小于 $0.5\ \mathrm{M\Omega}$。

（8）检查机床运转和密封部位有无异常的飞溅物、脱落物、溢出物，如油、烟、介质、金属屑等。

3. 通电检查

通电检查前，要尽量使电动机和所传动的机械部分分离，将电气控制装置上相应转换开关置于零位，行程开关恢复到正常位置。通电检查时，一般按先主回路后控制回路，先简单后复杂的原则分区域进行；每次通电检查的范围不要太大，范围越小，故障越明显。

（1）断开所有开关，取下所有的熔断器，再按顺序逐一插入需检查部位的熔断器，然后合上开关，观察有无冒火、冒烟、熔体熔断等现象。

（2）听机床运行发出的声音。

（3）闻机床运行时发出的气味，辨别有无异味。正常工作的机床只有润滑油和冷却液的气味。

（4）触摸检查机床电动机、变压器、接触器和继电器。

（5）用试验法进一步缩小故障范围。经外观检查未发现故障点时，可根据故障现象，结合电路图分析故障原因，在不扩大故障范围、不损伤电气元件和机械设备的前提下，通电或除去负载通电，以分清故障是在电气部分还是在机械等其他部分，是在电动机上还是在控制设备上，是在主电路上还是在控制电路上。

(6)用测量法确定故障点。测量法是维修工作中用来准确确定故障点的一种行之有效的检查方法。常用的测试工具和仪表有校验灯、验电器、万用表、钳形电流表和兆欧表等,主要通过对电路带电或断电时的有关参数,如电压、电阻、电流等进行测量,来判断电气元件的好坏、设备的绝缘情况以及电路的通断情况。可以采用电压分阶测量法和电阻分阶测量法确定故障点。

4. 电路分析

(1)根据调查的结果分析,是机械系统故障、液压系统故障、电气系统故障还是综合故障。

(2)参考机床的电气原理图及有关技术说明书进行电路分析,估计有可能产生故障的部位,是主电路还是控制电路,是交流电路还是直流电路等。

(3)对复杂的机床电气控制电路,要掌握机床的性能、工艺要求,可将复杂电路划分成若干单元,再分析判断。

5. 机床维修及维修后的注意事项

当找出电气设备的故障点后,就要着手进行维修、试车、记录等,然后交付使用,但故障维修后还必须注意以下事项。

(1)在找出故障点和维修故障时,应注意不能把找出的故障点作为寻找故障的终点,还必须进一步分析,查明产生故障的根本原因。

(2)找出故障点后,一定要针对不同故障情况和部位采取正确的维修方法,不要轻易采用更换电气元件和导线等方法,更不允许轻易改动线路或更换规格不同的电气元件,以防止产生人为故障。

(3)在故障维修工作中,一般情况下应尽量做到复原。但是有时为了尽快恢复机床的正常运行,根据实际情况也允许采取一些适当的应急措施,但绝不可凑合行事,而且一旦机床空闲就必须复原。

(4)电气故障维修完毕,需要通电试运行时,应和操作者配合,避免出现新的故障。

(5)每次排除故障后,应及时总结经验,并做好维修记录。记录的内容可包括机床的型号、名称、编号;故障发生的日期、现象、部位、原因;损坏的电器、维修措施及维修后的运行情况等。将记录作为档案,以备日后维修时参考,并通过对历次故障的分析,采取相应的有效措施,防止类似事故的再次发生或对电气设备本身的设计提出改进意见等。

(6)维修后的电气装置必须满足其质量标准要求,电气装置的检修质量标准包括如下内容。

①外观整洁,无破损和炭化现象。

②所有的触点均应完整、光洁,接触良好。

③压力弹簧和反作用力弹簧应具有足够的弹力。

④操纵、复位机构都必须灵活可靠。

⑤各种衔铁运动灵活,无卡阻现象。

⑥接触器的灭弧罩完整、清洁,安装牢固。

⑦继电器的整定数值符合电路使用要求。

⑧指示装置能正常发出信号。

二、认识 CA6140 型卧式车床

1. CA6140 型卧式车床的结构

车床是一种使用极其广泛的金属切削机床。CA6140 型卧式车床广泛应用于机械加工业，是我国自行设计制造的车床，主要用来加工内外圆柱面、端面、圆锥面，还可以车削螺纹和加工孔。它主要由主轴箱、进给箱、溜板箱、刀架、丝杠、光杠、尾座、挂轮架、纵溜板和横溜板等部分组成。其外观如图 5-1 所示。

图 5-1　CA6140 型卧式车床

2. CA6140 型卧式车床的功能

CA6140 型卧式车床可以车外圆、平面、内孔、螺纹、特性面、锥体，还可以切断工件等。

3. CA6140 型卧式车床的运动形式

（1）主运动。主运动是指工件的旋转运动（主轴通过卡盘或顶尖带动工件进行旋转）。主轴的旋转是由主轴电动机经传动机构拖动的。车削加工时，根据加工工件的材料性质、车刀材料及几何形状、工件直径、加工方式及冷却条件的不同，要求主轴在一定的范围内变速。另外，为了加工螺纹等工件，还要求主轴能够正、反转。

（2）进给运动。进给运动是指刀架带动刀具的横向或纵向的直线运动。刀架的进给运动也是由主轴电动机驱动的，其运动方式有手动和自动两种。在进行螺纹加工时，工件的旋转速度与刀架的进给速度之间应有严格的比例关系，因此，车床刀架的横向或纵向两个方向的进给运动是由主轴箱输出轴经交换齿轮箱、进给箱、光杠传入溜板箱而获得的。

（3）辅助运动。辅助运动是指车床上除切削运动以外的其他一切必需的运动，如刀架的快速移动、尾座的纵向移动、工件的夹紧与放松等。

4. CA6140 型卧式车床的电气控制要求

（1）主轴旋转要能调速。主轴电动机一般选用三相笼型异步电动机，为满足调速要求，采用机械变速。

（2）为车削螺纹，主轴要能正、反转。CA6140 型卧式车床主轴的正、反转靠摩擦离合器来实现，主轴电动机单向旋转。

（3）CA6140 型卧式车床的主轴电动机采用直接起动，停车时为自由停车。

（4）车削加工时，刀具与工件温度较高，须进行冷却。为此，设有一台冷却泵电动机，输出冷却液。冷却泵电动机与主轴电动机有着顺序运行的关系，即冷却泵电动机应在主轴电动机起动后方可选择起动；当主轴电动机停止时，冷却泵电动机便立即停止。

（5）为实现刀架溜板箱的快速移动，配置单独的刀架快速移动电动机，并采用点动控制。

（6）控制电路应具有安全可靠的保护环节和必要的照明及信号指示。

三、CA6140 型卧式车床电路的识读

CA6140 型卧式车床电路由主电路和控制电路两部分组成。CA6140 型卧式车床主电路共有 3 台电动机，M1 是主轴电动机，M2 是冷却泵电动机，M3 是刀架快速移动电动机。控制电路通过变压器 TC 把 380 V 电压降为 110 V，以提供控制电压。控制电路由主轴控制部分、冷却泵控制部分、刀架快速移动控制部分、6 V 电源信号指示部分以及 24 V 机床局部照明部分组成。CA6140 型卧式车床电气控制原理图如图 5-2 所示。

CA6140 型卧式车床的主轴电动机和冷却泵电动机采用直接起动、顺序控制方式，刀架快速移动电动机采用点动控制方式。

1. 主电路分析

CA6140 型卧式车床的主轴电动机 M1 带动主轴旋转及驱动刀架进给运动，由熔断器 FU 作为短路保护元件，热继电器 KH 作为过载保护元件，接触器 KM 作为失电压、欠电压保护元件；冷却泵电动机 M2 提供切削液，由中间继电器 KA1 控制，热继电器 KH2 作为过载保护元件；刀架快速移动电动机 M3 由中间继电器 KA2 控制，由于是点动控制短时工作，所以未设过载保护；FU2 是冷却泵电动机 M2、刀架快速移动电动机 M3 和控制变压器 TC 的短路保护元件。

2. 控制电路分析

CA6140 型卧式车床的控制电路采用控制变压器 TC 将电压从 380 V 降为 110 V，为控制电路供电。在正常工作时，位置开关 SQ1 动合触点闭合；当打开皮带罩后，位置开关 SQ1 动合触点断开，切断控制电路电源，以确保人身安全。钥匙开关 SB 和位置开关 SQ2 在机床正常工作时是断开的，断路器 QF 线圈不通电，能够合闸。当打开电气箱壁龛门时，位置开关 SQ2 闭合，断路器 QF 线圈得电，断路器自动断开，以确保人身和设备安全。

1）主轴电动机 M1 的控制

（1）起动：按下 SB2（7 区）→ KM 线圈得电吸合并自锁 → KM 主触点吸合 → 主轴电动机 M1 得电运转。

（2）停止：按下 SB1（7 区）→ KM 线圈失电（7 区）→ KM 主触点断开（2 区）→ 主轴电动机 M1 失电停转。

2）冷却泵电动机 M2 的控制

由于主轴电动机 M1 和冷却泵电动机 M2 在控制电路中采用了顺序控制，所以只有在主轴电动机起动后，即 KM 动合触点（10 区）闭合，再按下 SB4（10 区），冷却泵电动机才能得电运转；主轴电动机停止运行（10 区 KM 辅助动合触点复位）后，冷却泵电动机失电停转。

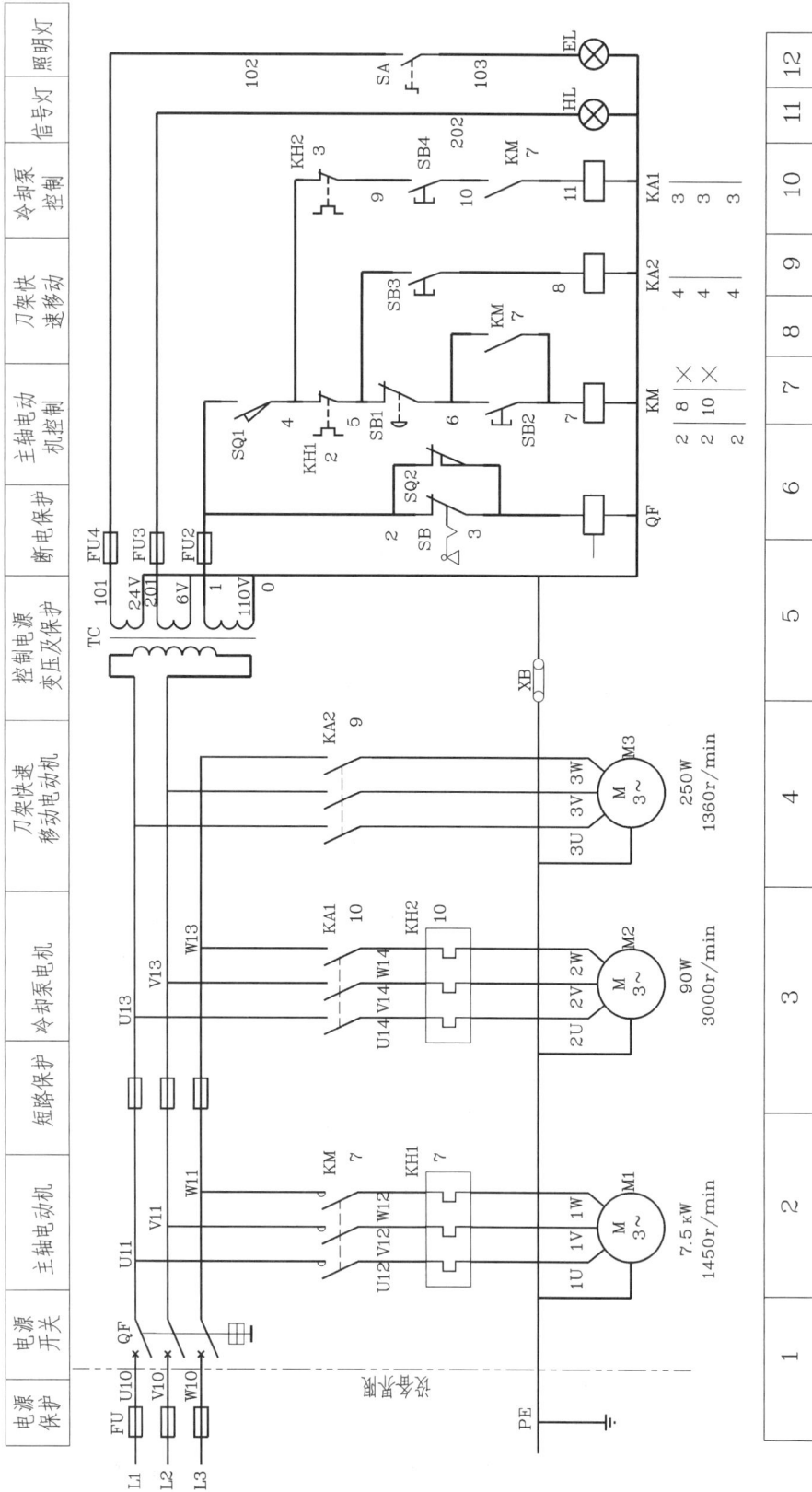

图5-2 CA6140型卧式车床电气控制原理图

3)刀架快速移动电动机 M3 的控制

刀架快速移动电动机控制电路由装在快速移动操作手柄顶端的按钮 SB3(9 区)与 KA2 线圈(9 区)组成的点动控制电路构成。按下 SB3(9 区),刀架快速移动;松开 SB3(9 区),刀架停止移动。刀架的移动方向由快速移动操作手柄配合机械装置实现。

四、CA6140 型卧式车床电气系统的检修

仔细观察故障现象,结合 CA6140 型卧式车床的电气控制原理图和电气安装接线图,参考表 5-1 进行检修。

表 5-1　CA6140 型卧式车床电气系统故障的检修

故障现象	故障分析	检查方法	故障处理
电源信号灯不亮	断路器 QF 损坏	合上 QF,旋上 SA,如果机床照明灯也不亮,用万用表交流电压挡测量 QF 触点之间电压	如果输入为 380 V,输出不是,可确定 QF 损坏,修复或更换
	熔断器 FU3 熔断	合上 QF,按下 SA,如果机床照明灯亮,用万用表交流电压挡测量 FU3 的电压,正常为 6.3 V	更换熔体或熔断器
	指示灯灯泡损坏	断开 QF,旋下信号灯灯泡,用万用表欧姆挡测量灯泡电阻	更换灯泡
照明灯不亮	组合开关 QF 损坏	合上 QF,如果电源信号灯也不亮,用万用表交流电压挡测量 QF 触点之间电压	如果输入为 380 V,输出不是,可确定 QF 损坏,修复或更换
	熔断器 FU3 熔断	合上 QF,如果电源指示灯亮,用万用表交流电压挡分别测量 FU4 的电压,正常为 24 V	更换熔体或熔断器
	按钮 SB8 损坏	断开 QF,用万用表欧姆挡测量 SA 两端电阻	更换按钮
	灯泡损坏	断开 QF,旋下照明灯灯泡,用万用表欧姆挡测量灯泡电阻	更换灯泡
主轴电动机 M1 和冷却泵电动机 M2 不能起动,刀架快速移动电动机 M3 正常起动	交流接触器 KM 触点接触不良	合上 QF,按住 SB2,如果 KM 能吸合,用万用表交流电压挡测量 KM 主触点之间的电压,正常为 380 V	如果电压不正常,更换或修复主触点
	热继电器 KH1 发热元件损坏	如果 KM 主触点电压正常,用万用表交流电压挡测量热继电器 KH1 发热元件之间的电压,正常为 380 V	修理或更换热继电器 KH1

故障现象	故障分析	检查方法	故障处理
主轴电动机 M1 和冷却泵电动机 M2 不能起动,刀架快速移动电动机 M3 正常起动	电动机 M1 损坏	如果热继电器 KH1 发热元件之间的电压正常,用万用表交流电压挡测量电动机 M1 绕组之间的电压,正常为 380 V	修理或更换电动机 M1
	KM 线圈故障	合上 QF,按住 SB2,KM 不能吸合,用万用表交流电压挡测量 KM 线圈电压,正常为 110 V	如果电压正常,可更换接触器 KM 的线圈
	热继电器 KH1 执行元件损坏	如果 KM 线圈电压不正常,可在机床断电情况下,用万用表欧姆挡检查热继电器 KH4 执行元件是否接通	如果热继电器 KH1 执行元件接通,再用万用表欧姆挡检查 SB1、SQ1 和 SB4,修复和更换
主轴电动机 M1 在运行中突然停转	由于过载,热继电器 KH1 动作	观察热继电器	按动复位按钮
	FU2 熔断	合上 QF,用万用表交流电压挡测量 FU2 的电压,正常为 110 V	更换熔体或熔断器
	电气控制箱箱门打开,使 SQ1 动作	检查电气控制箱箱门和 SQ1	关好电气控制箱箱门或更换 SQ1
刀架快速移动电动机 M3 不能起动,主轴电动机 M1 和冷却泵电动机 M2 正常起动	中间继电器 KA2 触点接触不良	按住 SB3,如果 KA2 能吸合,用万用表交流电压挡测量 KA2 触点之间的电压,正常为 380 V	如果电压不正常,更换或修复
	电动机 M2 损坏	如果 KA2 触点电压正常,用万用表交流电压挡测量电动机 M3 绕组之间的电压,正常为 380 V	修理或更换
	KA2 线圈故障	按住 SB3,KA2 不能吸合,用万用表交流电压挡测量 KA2 线圈电压,正常为 110 V	如果电压正常,可更换接触器 KA2 的线圈;如果电压不正常,可在机床断电情况下,用万用表欧姆挡检查 SB3,修复和更换
主轴电动机 M1 能够起动,冷却泵电动机 M2 不能起动	中间继电器 KA1 触点接触不良	起动主轴电动机 M1 后,按住 SB4,如果 KA1 能吸合,用万用表交流电压挡测量 KA1 触点之间的电压,正常为 380 V	如果电压不正常,更换或修复

故障现象	故障分析	检查方法	故障处理
主轴电动机 M1 能够起动,冷却泵电动机 M2 不能起动	热继电器 KH2 发热元件损坏	如果 KA1 触点电压正常,用万用表交流电压挡测量热继电器 KH2 发热元件之间的电压,正常为 380 V	修理或更换
	电动机 M2 损坏	如果热继电器 KH2 发热元件之间的电压正常,用万用表交流电压挡测量电动机 M2 绕组之间的电压,正常为 380 V	修理或更换
	KA1 线圈故障	起动主轴电动机 M1 后,按住 SB4,KA1 不能吸合,用万用表交流电压挡测量 KA1 线圈电压,正常为 110 V	如果电压正常,可更换接触器 KA1 的线圈
	热继电器 KH2 执行元件损坏	如果 KA1 线圈电压不正常,可在机床断电情况下,用万用表欧姆挡检查热继电器 KH2 执行元件是否接通	如果热继电器 KH2 执行元件接通,再用万用表欧姆挡检查 SB4,修复和更换

五、知识拓展

1. CA6140 型卧式车床的知识补充

1)主轴的正、反转运行

CA6140 型卧式车床主轴根据加工零配件需要能实现正、反转运行,主轴的正、反转是通过机械装置的摩擦离合器和操纵机构来实现的。当主轴操作手柄处于中间位置时,主轴停止;处于向上位置时,主轴正转;处于向下位置时,主轴反转。

2)刀架的运行方向

刀架的运行方向是通过溜板箱的操纵机构来实现的。当进给十字操作手柄处于中间位置时,刀架停止;处于向上、向下位置时,刀架做横向进给(前、后)运动;处于向左、向右位置时,刀架做纵向进给(左、右)运动。

2. 车床的发展

古代的车床是靠手拉或脚踏,通过绳索使工件旋转,并由人手持刀具而进行切削的。1797 年,英国机械发明家莫兹利创制了用丝杠传动刀架的现代车床,并于 1800 年采用交换齿轮,可改变进给速度和被加工螺纹的螺距。1817 年,另一位英国人罗伯茨采用了四级带轮和背轮机构来改变主轴转速。为了提高机械自动化程度,1845 年,美国的菲奇发明转塔车床。1848 年,美国又出现回轮车床。1873 年,美国的斯潘塞制成一台单轴自动车床,不久他又制成三轴自动车床。20 世纪初,出现了由单独电动机驱动的带有齿轮变速箱的车床。

第一次世界大战后,由于军火、汽车和其他机械工业的需要,各种高效自动车床和专门化车床迅速发展。为了提高小批量工件的生产率,20 世纪 40 年代末,带液压仿形装置的车床得到推广,与此同时,多刀车床也得到了发展。20 世纪 50 年代中期,带穿孔卡、插销板和拨码盘等的程序控制车床不断发展。数控技术于 20 世纪 60 年代开始用于车床,20 世纪 70 年代后得到迅速发展。

普通车床主要组成部件有主轴箱、交换齿轮箱、进给箱、溜板箱、刀架、尾架、丝杠与光杠、床身和冷却装置等。

(1)主轴箱:又称床头箱,它的主要任务是将主电动机传来的旋转运动经过一系列的变速机构使主轴得到所需的正、反两种转向的不同转速,同时主轴箱分出部分动力将运动传给进给箱。主轴箱中主轴是车床的关键零件。主轴在轴承上运转的平稳性直接影响工件的加工质量,一旦主轴的旋转精度降低,机床的使用价值就会降低。

(2)交换齿轮箱:用于改变机床切削速度和进给量的可更换齿轮组。

(3)进给箱:又称走刀箱。进给箱中装有进给运动的变速机构,调整变速机构,可得到所需的进给量或螺距,通过光杠或丝杠将运动传至刀架以进行切削。

(4)溜板箱:是车床进给运动的操纵箱,内装有将光杠和丝杠的旋转运动变成刀架直线运动的机构,通过光杠传动实现刀架的纵向进给运动、横向进给运动和快速移动,通过丝杠带动刀架做纵向直线运动,以便车削螺纹。

(5)刀架:由两层滑板(中、小滑板)、床鞍与刀架体共同组成,用于安装车刀并带动车刀做纵向、横向或斜向运动。

(6)尾架:安装在床身导轨上,并沿此导轨纵向移动,以调整其工作位置。主要用来安装后顶尖,以支撑较长工件,也可安装钻头、铰刀等进行孔加工。

(7)丝杠与光杠:用以连接进给箱与溜板箱,并把进给箱的运动和动力传给溜板箱,使溜板箱获得纵向直线运动。丝杠是专门用来车削各种螺纹的,在进行工件的其他表面车削时,只用光杠,不用丝杠。读者要结合溜板箱的内容区分丝杠与光杠。

(8)床身:是车床上带有精度要求很高的导轨(山形导轨和平导轨)的一个大型基础部件。用于支撑和连接车床的各个部件,并保证各部件在工作时有准确的相对位置。

(9)冷却装置:主要通过冷却水泵将水箱中的切削液加压后喷射到切削区域,从而降低切削温度,冲走切屑,润滑加工表面,以延长刀具使用寿命和改善工件的表面加工质量。

➤ 任务实施

一、工作任务单

工作任务单如表 5-2 所示。

表 5-2 工作任务单(1)

序号	任务内容	任务要求
1	CA6140 型卧式车床电路图的识读	能够正确识读电路,并会分析其工作过程
2	CA6140 型卧式车床电气系统常见故障的判断	能够判断出 CA6140 型卧式车床电气系统的常见故障
3	CA6140 型卧式车床电气系统常见故障的排除	会运用仪表检修 CA6140 型卧式车床电气系统的故障,并排除故障

二、材料工具单

材料工具单如表 5-3 所示。

表 5-3 材料工具单（1）

项目	名称	数量	型号	备注
所用工具	电工工具	每组一套		
所用仪表	数字万用表	每组一块	优德利 UT39A	
所用元件及材料	交流接触器 KM	1	CJ0-20B，线圈电压 110 V	控制电动机 M1
	中间继电器 KA1	1	JZ7-44，线圈电压 110 V	控制电动机 M2
	中间继电器 KA2	1	JZ7-44，线圈电压 110 V	控制电动机 M3
	主轴电动机 M1	1	Y132M-4-B3，7.5 kW，1450 r/min	主传动用
	冷却泵电动机 M2	1	AOB-25，90 W，3000 r/min	输送冷却液用
	快速移动电动机 M3	1	AOS 5634，250 W	溜板快速移动用
	热继电器 KH1	1	JR16-20/3D，15.4 A	M1 的过载保护元件
	热继电器 KH2	1	JR16-20/3D，0.32A	M2 的过载保护元件
	按钮 SB1	1	LA38-11	停止电动机 M1
	按钮 SB2	1		起动电动机 M1
	按钮 SB4	1		起动电动机 M2
	按钮 SB3	1		控制电动机 M3
	位置开关 SQ1、SQ2	2	JWM6-11	断电保护
	信号灯 HL	1	ZSD-0，6 V	刻度照明
	断路器 QF	1	AM2-40，20 A	电源引入
	控制变压器 TC	1	JBK2-100，380/110/24/6 V	控制电源电压
	机床照明灯 EL	1	JC11	工作照明
	旋钮开关 SB	1	LAY3-01Y/2	电源开关锁
	熔断器 FU1	3	BZ001，熔体 6 A	主电路短路保护元件
	熔断器 FU2	1	BZ001，熔体 1 A	110 V 控制电路短路保护元件
	熔断器 FU3	1	BZ001，熔体 1 A	信号灯电路短路保护元件
	熔断器 FU4	1	BZ001，熔体 2 A	照明电路短路保护元件
	开关 SA	1	LA38-11X2	照明灯开关
	接线端子排	若干	JX2-Y010	
	导线	若干	BVR 1.5 mm² 塑铜线	

➤ 技能训练

CA6140 型卧式车床电气系统的检修

1. 实训目标

(1)了解 CA6140 型卧式车床的工作状态及操作方法。

(2)能看懂机床电路图,能识读 CA6140 型卧式车床的电气控制原理图,熟悉车床电气元件的分布位置和走线情况。

(3)能根据故障现象分析 CA6140 型卧式车床常见电气故障原因,确定故障范围。

(4)能按照正确的检测步骤,用万用表检查并排除 CA6140 型卧式车床常见电气电路故障。

2. 实训内容

在 30 min 内排除两个 CA6140 型卧式车床电气电路故障。

3. 实训工具、仪表和器材

(1)工具:尖嘴钳、剥线钳、螺钉旋具(十字槽、一字槽)等。

(2)仪表:万用表、绝缘电阻表、钳形电流表。

(3)器材:按照表 5-3 准备。

4. 实训步骤

学生按人数分组,每组选一个组长。

以小组为单位,在 CA6140 型卧式车床电气系统检测与维修实训台上,根据 CA6140 型卧式车床电气控制原理图,对电路的工作过程进行分析,然后小组成员共同制订计划和实施方案,主要计划和实施的内容是设置机床电气故障和排除其他小组设置的故障。要求:按照 CA6140 型卧式车床电气系统故障现象设置故障,按照机床电气系统检修的步骤进行故障检修,并能正确排除其他小组设置的故障,检修好的电路机械和电气操作试验合格。

5. 技能训练与成绩评定

1)训练要求

小组每位成员都要积极参与,以小组为单位给出电气故障检修的结果,并提交实训报告。小组成员要齐心协力,共同制订计划并实施。计划一定要制订得合理,具有可行性。实施过程中注意安全规范,熟练地运用仪器和仪表进行检修,并注意小组成员之间的团队协作,对排除故障最迅速和团结合作好的小组给予一定的加分。

2)成绩评定

CA6140 型卧式车床电气系统的检修任务评分表见表 5-4。

表 5-4　CA6140 型卧式车床电气系统的检修任务评分表

评价类别	考核项目	考核标准	配分/分	得分/分
专业能力	电气控制电路分析	正确分析电路的工作过程	10	
	故障设置	故障设置合理,不破坏原有电路结构	10	
	故障分析	正确判断出故障范围和故障点	20	

评价类别	考核项目	考核标准	配分/分	得分/分
专业能力	故障排除	排除方法正确,不损坏电气元件,不产生新的故障点	20	
	会用仪表检查电路	会用万用表检查车床控制电路的故障	5	
	通电试车	检修后各电动机正常工作,电路机械和电气操作试验合格	5	
	工具的使用和原材料的用量	工具使用合理、准确,摆放整齐,用后归放原位;节约使用原材料,不浪费	5	
	安全用电	注意安全用电,不带电作业	5	
社会能力	团结协作	小组成员之间合作良好	5	
	职业意识	树立对职业劳动的正确认识,诚信,有责任感	5	
	敬业精神	遵守纪律,具有爱岗敬业、吃苦耐劳精神	5	
方法能力	计划和决策能力	计划和决策能力较强	5	

➤ 思考与练习

一、单项选择题

1. 在 CA6140 型卧式车床控制电路中,照明回路的电压最有可能是(   )。

A. AC 380 V
B. AC 220 V
C. AC 110 V
D. AC 36 V

2. 在 CA6140 型卧式车床控制电路中,主轴电动机和冷却泵电动机的起动控制关系是(   )。

A. 点动控制
B. 长动控制
C. 两地控制
D. 顺序控制

3. 在 CA6140 型卧式车床控制电路中,刀架快速移动电动机的控制方法是(   )。

A. 点动控制
B. 长动控制
C. 两地控制
D. 顺序控制

二、判断题

(   )1. CA6140 型卧式车床电气控制电路中,刀架快速移动电动机未设过载保护,是由于该电动机容量太小。

(   )2. CA6140 型卧式车床电气控制电路中,主轴电动机、冷却泵电动机未设短路保护和过载保护,是由于电源开关使用了低压断路器。

(   )3. 采用电阻测量法检查机床电气控制电路的故障时,电阻测量值为零,则表明电路无故障。

三、简答题

1. CA6140 型车床在车削过程中,若有一个控制主轴电动机的接触器主触点接触不良,会出现什么现象? 该如何解决?

2. 在 CA6140 型车床电气控制电路中,为什么未对刀架快速移动电动机 M3 进行过载保护? CA6140 型车床的主轴电动机电气线路(主电路、控制电路、电动机)完全正常,但当按下起动按钮 SB1 时熔断器 FU 熔体熔断,这是什么原因?

3. 请将本任务的知识点以思维导图的形式呈现出来。

◀ 任务 2　X62W 型万能铣床电气系统的检修 ▶

➤ 工作任务

铣床是一种高效率的加工机械,在一般加工厂中铣床的数量仅次于车床。铣床可用来加工平面、斜面和沟槽等,装上分度头还可以铣削直齿齿轮和螺旋面,如果装上圆工作台还可以铣削凸轮和弧形槽。铣床的种类有很多,按结构形式和加工性能的不同,可分为卧式铣床、立式铣床、仿形铣床、龙门铣床和各种专用铣床等。卧式铣床和立式铣床在结构和运动形式上大体相似,差别在于铣头的放置方向上:卧式铣床的铣头沿水平方向放置;立式铣床的铣头沿垂直方向放置。这里以 X62W 型万能铣床为例介绍。

➤ 任务目标

(1)了解 X62W 型万能铣床的工作状态及操作方法。

(2)能识读 X62W 型万能铣床的电气控制原理图,熟悉铣床电气元件的分布位置和走线情况。

(3)能根据故障现象分析 X62W 型万能铣床常见电气故障的原因,并确定故障范围。

(4)能根据实际故障现象选择适当的故障检测方法,会用万用表检测并排除 X62W 型万能铣床电气控制电路的常见故障。

➤ 引导问题

(1)X62W 型万能铣床由哪几部分组成? 主要应用在什么场合?

(2)X62W 型万能铣床有哪几种运动形式?

(3)若 X62W 型万能铣床的工作台只能向左、右和前、下运动,不能向后、下运动,故障原因是什么? 若工作台能向左、右、前、后运动,不能向上、下运动,故障原因又是什么?

(4)X62W 型万能铣床对主轴有哪些电气要求?

(5)X62W 型万能铣床对进给系统有哪些电气要求?

(6)X62W 型万能铣床中有哪些电气联锁措施?

➤ 基础知识

一、X62W 型万能铣床的结构

X62W 型万能铣床是一种多用途机床,可以实现平面、斜面、螺旋面以及成型面的加工,可以加装万能铣头、分度头和圆工作台等机床附件来扩大加工范围。X62W 型万能铣床主要由床身、主轴、刀杆、刀杆支架、悬梁、横溜板、工作台、回转盘、底座和升降台等部分组成,如图 5-3 所示。

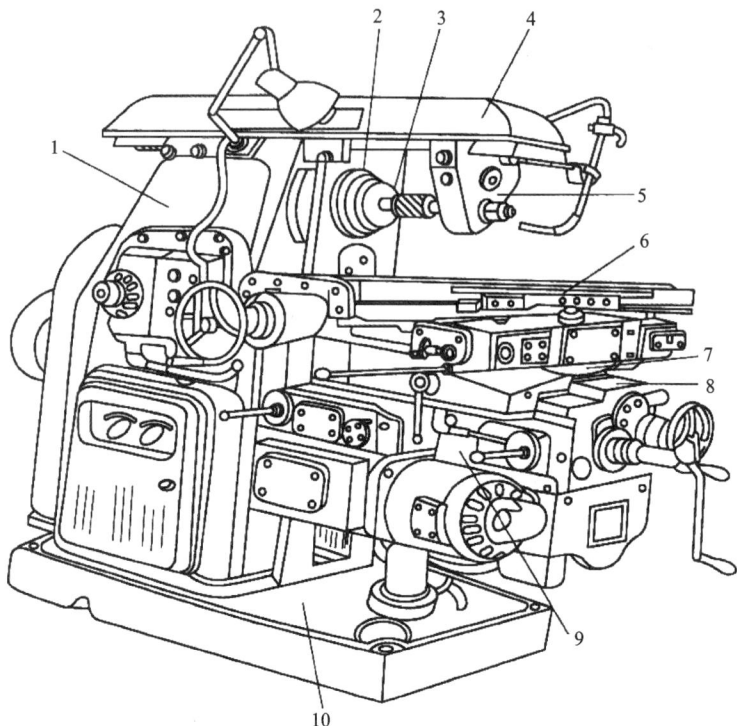

图 5-3 X62W 型万能铣床的结构

1—床身;2—主轴;3—刀杆;4—悬梁;5—刀杆支架;6—工作台;7—回转盘;8—横溜板;9—升降台;10—底座

床身固定在底座上,在床身的顶部有水平导轨,上面的悬梁上装有一个或两个刀杆支架。刀杆支架用来支撑铣刀芯轴的一端,铣刀芯轴的另一端则固定在主轴上,由主轴带动铣刀铣削。刀杆支架在悬梁上以及悬梁在床身顶部的水平导轨上都可以做水平移动,以便安装不同的芯轴。在床身的前面有垂直导轨,升降台可沿着它上下移动。在升降台上面的水平导轨上,装有可前后移动的溜板。溜板上有可转动的回转盘,工作台就在回转盘的导轨上左右移动。工作台用 T 形槽来固定工件。这样,安装在工作台上的工件就可以在 3 个坐标轴的 6 个方向上调整位置和进给运动。此外,由于回转盘相对于溜板可绕中心轴线左右转过一个角度,因此,工作台还可以在倾斜方向进给运动,加工螺旋槽。故称该铣床为万能铣床。

二、X62W 型万能铣床的运动形式

(1)主运动。它是指铣床主轴带动铣刀的旋转运动,由主轴电动机 M1 拖动。铣削加工有顺铣和逆铣两种方式,要求主轴电动机能实现正、反转,主轴电动机的正、反转由万能转换开关 SA3 控制。

(2)进给运动。它是指铣床工作台的前后(横向)、左右(纵向)和上下(垂直)6 个方向的运动,由进给电动机 M2 拖动。要求进给电动机能正、反转,并通过操纵手柄和电磁离合器相配合来实现 3 个坐标轴上 6 个方向的位置调整。

(3)辅助运动。铣床的其他运动都属于辅助运动,如工作台的旋转运动、工作台在 6 个方向上的快速移动。

三、X62W 型万能铣床的电气控制要求

(1)由于主轴电动机的正、反转并不频繁,因此采用组合开关来改变电源相序,实现主轴电

动机的正、反转。由于主轴传动系统中装有避免振动的惯性轮,使主轴停车困难,故主轴电动机采用电磁离合器制动来实现准确停车。

(2)由于工作台要求有前后、左右、上下 6 个方向的进给运动和快速移动,所以也要求进给电动机能正、反转,并通过操纵手柄和电磁离合器配合实现。进给的快速移动是通过电磁铁和机械挂挡来实现的。为了扩大铣床加工能力,在工作台上可加装圆形工作台,圆形工作台的回转运动也是由进给电动机经传动机构驱动的。

(3)主轴和进给运动均采用变速盘来进行速度选择,为了保证齿轮的良好啮合,两种运动均要求变速后做瞬间点动。

(4)当主轴电动机和冷却泵电动机过载时,进给运动必须立即停止,以免损坏刀具和铣床。

(5)根据加工工艺的要求,该铣床应具有以下电气联锁措施。

①由于在某一时刻 6 个方向的进给运动只能出现一种,因此采用机械手柄和位置开关相配合的方式来实现 6 个方向的联锁。

②为了防止刀具和铣床的损坏,要求只有主轴旋转后才允许有进给运动。

③为了提高劳动生产率,在不进行铣削加工时,可使工作台快速移动。

④为了减小加工工件的表面粗糙度,要求只有进给运动停止后主轴运动才能停止或两种运动同时停止。

(6)要求有冷却系统、照明设备及各种保护措施。

四、X62W 型万能铣床电路的识读

X62W 型万能铣床电气控制电路可分为主电路和控制电路两部分,其中控制电路包括主轴电动机控制、进给电动机控制、照明电路控制等,如图 5-4 所示。

1. 主电路分析

主电路中共有 3 台电动机。M1 是主轴(铣刀)电动机,拖动主轴带动铣刀进行铣削加工,由 KM1 控制,因为正、反转不频繁,其起动前用换相开关 SA3 预先选择方向,SA3 的位置及动作说明见表 5-5。M2 是进给电动机,拖动工作台进行前后、左右、上下 6 个方向的进给运动和快速移动,6 个方向的运动通过操纵手柄和机械离合器的配合来实现,其正、反转由接触器 KM3、KM4 实现。M3 是冷却泵电动机,供应冷却液,由组合开关 QS2 控制,与主轴电动机 M1 之间实现顺序控制,即 M1 起动后,M3 才能起动。熔断器 FU1 是 3 台电动机的短路保护元件,3 台电动机的过载保护由热继电器 KH1、KH2、KH3 实现。

2. 控制电路分析

控制电路包括交流控制电路和直流控制电路。交流控制电路由控制变压器 TC 提供 110 V 的控制电压,熔断器 FU3 作为交流控制电路短路保护元件。直流控制电路中的直流电压由整流变压器 T1 降压后经整流器 VC 整流得到,主要提供给主轴制动电磁离合器 YC1、工作台进给电磁离合器 YC2 和快速进给电磁离合器 YC3。

1)主轴电动机 M1 的控制

主轴电动机 M1 的控制包括主轴的起动、制动、换刀及变速冲动控制。为了方便操作,主轴电动机 M1 采用两地控制方式,一组按钮安装在工作台上,另一组按钮安装在床身上。起动按钮 SB1、SB2 相互并联,停止按钮 SB5、SB6 相互串联。YC1 是主轴制动用的电磁离合器,KM1 是主轴电动机 M1 的起动接触器,SQ1 是主轴变速冲动行程开关。

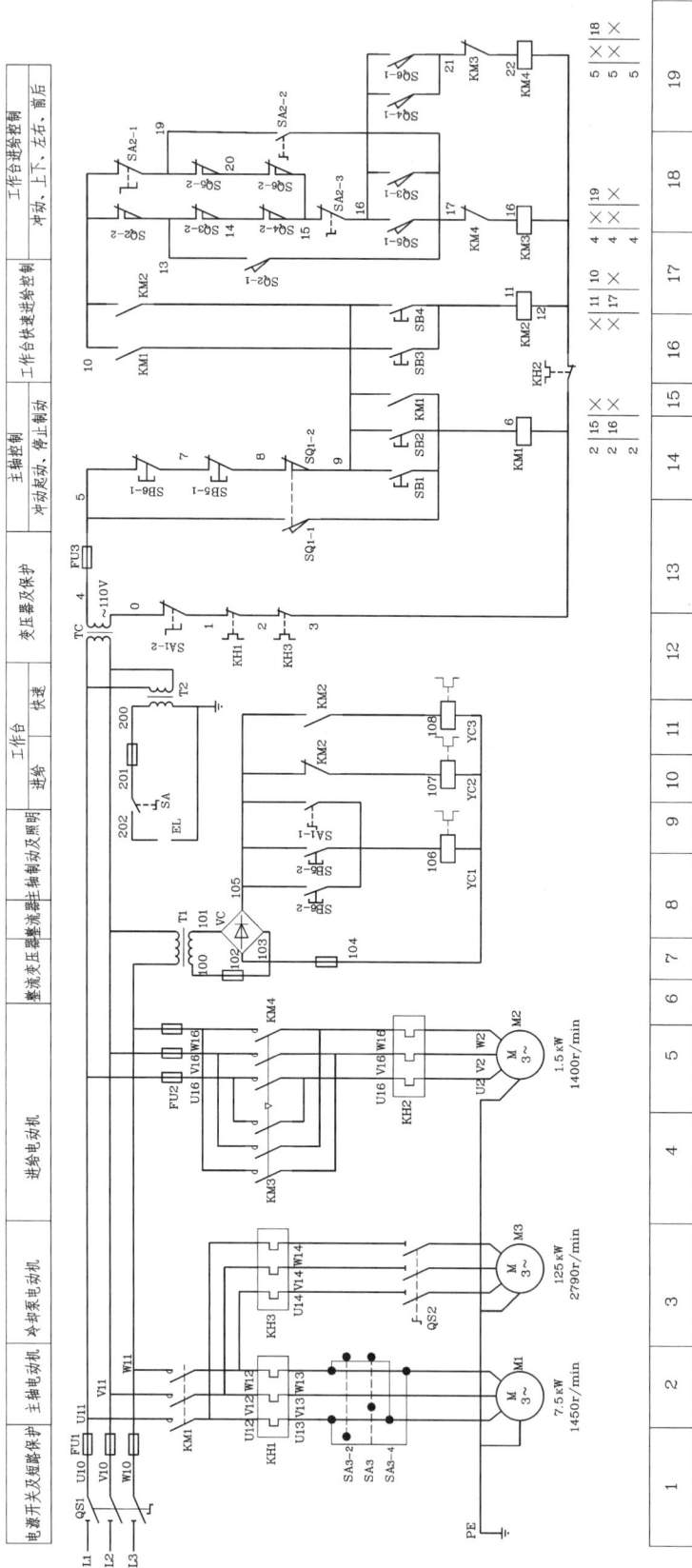

图5-4 X62W型万能铣床电气控制原理图

表 5-5 主轴电动机换相转换开关 SA3 的位置及动作说明

位置	正转	停止	反转
SA3-1	−	−	+
SA3-2	+	−	−
SA3-3	+	−	−
SA3-4	−	−	+

注:"+"表示接通,"−"表示断开。

(1)主轴电动机 M1 的起动控制。起动前,首先选好主轴的转速,然后合上电源开关 QS1,再将主轴转换开关 SA3(2 区)扳到所需要的转向处。按下起动按钮 SB1(14 区)或 SB2(14 区),接触器 KM1 线圈获电动作,其主触点和自锁触点闭合,主轴电动机 M1 起动运转,KM1 动合辅助触点(16 区)闭合,为工作台进给电路提供电源。

(2)主轴电动机 M1 的制动控制。当需要主轴电动机停止时,按下停止按钮 SB5 或 SB6,其动断触点 SB5-1(14 区)或 SB6-1(14 区)断开,接触器 KM1 线圈失电,接触器 KM1 所有触点复位,主轴电动机 M1 断电,因惯性而继续运转;同时停止按钮 SB5 或 SB6 动合触点 SB5-2(8 区)或 SB6-2(8 区)闭合,使主轴制动电磁离合器 YC1 得电,主轴电动机 M1 制动停转。

(3)主轴换铣刀的控制。在更换铣刀时,为避免主轴转动,造成更换困难,应将主轴制动。方法是将转换开关 SA1 扳到"接通"位置,此时动合触点 SA1-1(9 区)闭合,电磁离合器 YC1 线圈获电,使主轴处于制动状态以便换刀;同时动断触点 SA1-2(12 区)断开,切断了整个控制电路,铣床无法运行,切实保证了人身安全。换刀结束后,将转换开关 SA1 扳到"断开"位置即可。

(4)主轴变速冲动控制。主轴变速是通过操纵变速手柄和变速盘来实现的。为使齿轮顺利啮合,在变速过程中需要变速冲动,利用变速手柄与冲动行程开关 SQ1,通过机械上的联动机构来实现。

主轴变速冲动控制过程:变速时,先将变速手柄压下,使变速手柄的榫块从定位槽中脱出,然后向外拉动手柄使榫块落入第 2 道槽内,使齿轮组脱离啮合。转动变速盘选定所需要的转速,然后将变速手柄推回原位,使榫块重新落进槽内,使齿轮组重新啮合。

由于齿轮之间不能刚好对上,若冲动一下,则啮合十分方便。当手柄推进时,凸轮将弹簧杆推动一下又返回,则弹簧杆又推动一下位置开关 SQ1,使 SQ1 的动断触点 SQ1-2(14 区)先分断,动合触点 SQ1-1(13 区)后闭合,接触器 KM1 线圈瞬时得电,主轴电动机 M1 也瞬时起动。但紧接着凸轮放开弹簧杆,位置开关 SQ1 所有触点复位,接触器 KM1 断电释放,电动机 M1 断电。由于主轴制动电磁离合器 YC1 没有得电,故电动机 M1 惯性运转,产生一个冲动力,带动齿轮系统抖动,在抖动时将变速手柄先快后慢推进,保证齿轮的顺利啮合。如果齿轮没有啮合好,可以重复上述过程,直到齿轮啮合。

注意:应在主轴停止状态下进行变速冲动控制,以免打坏齿轮。

2)进给电动机 M2 的控制

工作台的进给是通过两个机械操作手柄和机械联动机构控制对应的位置开关,使进给电动机 M2 正转或反转来实现的。进给电动机 M2 的控制包括工作台的左右进给、上下进给和前后进给及快速进给、圆工作台、变速冲动控制,并且前后、左右、上下 6 个方向的运动之间实现联锁,不能同时接通。在进行左右、上下、前后控制时,圆工作台转换开关 SA2 应处于断开位置,SA2 的位置及动作说明如表 5-6 所示。

表 5-6　圆工作台转换开关 SA2 的位置及动作说明

位置	接通	断开
SA2-1	−	+
SA2-2	+	−
SA2-3	−	+

（1）工作台的左右进给运动。工作台的工作进给必须在主轴电动机 M1 起动运行后才能进行,属于控制电路顺序控制。工作台工作进给时必须是电磁离合器 YC2 得电。

工作台的左右进给运动是由工作台左右进给操作手柄与位置开关 SQ5 和 SQ6 联动来实现的,其控制关系见表 5-7,共有左、中、右 3 个位置。当手柄扳向左（或右）位置时,行程开关 SQ5（或 SQ6）的动断触点 SQ5-2 或 SQ6-2（17 区）分断,动合触点 SQ5-1（17 区）或 SQ6-1（18 区）闭合,使接触器 KM3（或 KM）获电动作,电动机 M2 正转或反转。在 SQ5 或 SQ6 被压合的同时,机械机构已将电动机 M2 的传动链与工作台的左右进给丝杠搭合,工作台则在丝杠的带动下左右进给。当工作台向左或向右运动到极限位置时,工作台两端的挡铁就会撞动手柄使其回到中间位置,位置开关 SQ5 或 SQ6 复位,使电动机的传动链与左右丝杠脱离,电动机 M2 停转,工作台停止运动,从而实现左右进给的终端保护。当手柄扳向中间位置时,位置开关 SQ5 和 SQ6 均未被压合,进给控制电路处于断开状态。

表 5-7　工作台左右进给手柄位置及控制关系

手柄位置	位置开关动作	接触器动作	电动机 M2 转向	工作台进给方向
左	SQ5	KM3	正转	向左
右	SQ6	KM4	反转	向右
中	−	−	停止	停止

（2）工作台的上下和前后进给运动。工作台的上下和前后进给运动是由同一手柄控制的。该手柄与位置开关 SQ3 和 SQ4 联动,有上、下、前、后、中 5 个位置,其控制关系如表 5-8 所示。当手柄扳到中间位置时,位置开关 SQ3 和 SQ4 未被压合,工作台无任何进给运动;当手柄扳到上或后位置时,位置开关 SQ4 被压合,使其动断触点 SQ4-2（18 区）分断,动合触点 SQ4-1（19 区）闭合,接触器 KM4 获电动作,电动机 M2 反转,机械机构将电动机 M2 的传动链与前后进给丝杠搭合,电动机 M2 则带动溜板向后运动,若传动链与上下进给丝杠搭合,电动机 M2 则带动升降台向上运动。当手柄扳到下或前位置时,请读者参照上或后位置的情况自行分析。和左右进给一样,工作台的上、下、前、后 4 个方向也均有极限保护,使手柄自动复位到中间位置,电动机和工作台停止运动。

（3）联锁控制。同一时间对上下、前后、左右 6 个方向的进给只能选择其一,绝不可能出现两个方向的可能性。在两个手柄中,当一个操作手柄被置于某一进给方向时,另一个操作手柄必须置于中间位置,否则将无法实现任何进给运动,从而实现了联锁保护。若将左右进给手柄扳向右,而又将另一进给手柄扳到上时,则位置开关 SQ6 和 SQ4 均被压合,使 SQ6-2 和 SQ4-2 均分断,接触器 KM3 和 KM4 的通路均断开,电动机 M2 只能停转,保证了操作安全。

表 5-8　工作台上、下、前、后、中进给手柄功能

手柄位置	位置开关动作	接触器动作	电动机 M2 转向	工作台运动方向
上	SQ4	KM4	反转	向上
下	SQ3	KM3	正转	向下
前	SQ3	KM3	正转	向前
后	SQ4	KM4	反转	向后
中	—	—	停止	停止

(4)工作台变速冲动。工作台变速与主轴变速时一样,为使齿轮进入良好的啮合状态,也要进行变速后的瞬时点动。进给变速时,必须先把进给操作手柄放在中间位置,然后将进给变速盘拉出,使进给齿轮松开,选好进给速度,再将变速盘推回原位。在推进过程中,挡块压下位置开关 SQ2(17 区),使触点 SQ2-2 分断,SQ2-1 闭合,接触器 KM3 经 SA2-1 → SQ5-2 → SQ6-2 → SQ3-2 → SQ2-1 → KM4 动断(18 区)→接触器 KM3 线圈得电吸合,电动机 M2 起动。但随着变速盘的复位,位置开关 SQ2 也复位,使 KM3 断电释放,电动机 M2 失电停转。使电动机 M2 瞬时点动一下,齿轮系统便会产生一次抖动,使齿轮顺利啮合。如果齿轮没有啮合好,可以重复上述过程,直到齿轮啮合。

(5)工作台的快速移动。在加工过程中,在不进行铣削加工时,为了缩短生产辅助时间,可使工作台快速移动;当进入铣削加工时,则要求工作台以原进给速度移动。6 个进给方向的快速移动是通过两个进给操作手柄和快速移动按钮配合实现的。

工件安装好后,扳动进给操作手柄选定进给方向,按下快速移动按钮 SB3 或 SB4(两地控制),接触器 KM2 得电,KM2 的一个动合触点接通进给控制电路,为工作台 6 个方向的快速移动做好准备;另一个动合触点接通电磁离合器 YC3,使电动机 M2 与进给丝杠直接搭合,实现工作台的快速进给;KM2 的动断触点分断,电磁离合器 YC2 失电,使齿轮传动链与进给丝杠分离。当快速移动到预定位置时,松开快速移动按钮 SB3 或 SB4,接触器 KM2 断电释放,电磁离合器 YC3 断开,YC2 吸合,快速移动停止。

注意:快速移动必须在没有铣削加工时进行,否则会损坏刀具或设备。

(6)圆形工作台的控制。为了提高铣床的加工能力,可在工作台上安装附件圆形工作台,实现对圆弧或凸轮的铣削加工。圆形工作台工作时,所有的进给系统均停止工作,实现联锁。转换开关 SA2 是用来控制圆形工作台的。当圆形工作台工作时,将 SA2 扳到"接通"位置,此时触点 SA2-1(19 区)和 SA2-3(18 区)断开,触点 SA2-2(19 区)闭合,电流经 KM1(16 区)→ SQ2-2 → SQ3-2 → SQ4-2 → SQ6-5 → SQ5-1 → SA2-2 → KM4 动断触点(18 区)→接触器 KM3,线圈得电吸合,电动机 M2 起动,通过一根专用轴带动圆形工作台做旋转运动。当不需要圆形工作台工作时,则将转换开关 SA2 扳到"断开"位置,此时触点 SA2-1 和 SA2-3 闭合,触点 SA2-2 断开,以保证工作台在 6 个方向的进给运动,因为圆形工作台的旋转运动和 6 个方向的进给运动也是联锁的。

3)照明电路控制

铣床照明由变压器 T2 供给 24 V 安全电压,由转换开关 SA 控制。照明电路的短路保护由熔断器 FU6 实现。

五、X62W 型万能铣床电气系统典型故障的检修

仔细观察故障现象,结合 X62W 型万能铣床的电气控制原理图和电气安装接线图,参考表 5-9 进行检修。

表 5-9　X62W 型万能铣床电气系统故障的检修

故障现象	故障分析	检查方法	故障处理
主轴电动机 M1 不能起动,冷却泵电动机 M3 也不能起动	主轴换向开关 SA3 在停止位或损坏	观察 SA3 的位置或用万用表欧姆挡测量 SA3 的接触电阻	旋转 SA3 到"工作"位置或更换
	换刀制动开关 SA1 在制动位	观察 SA1 的位置	将 SA1 旋至"工作"位置
	主轴变速冲动行程开关 SQ1 的动断触点接触不良	用万用表欧姆挡测量 SQ1 动断触点的接触电阻	修理或更换
	熔断器 FU3 熔体熔断	合上 QS1,用万用表交流电压挡分别测量熔断器的电压	如果输入有电压,输出没有,可确定熔断器故障,更换熔体或熔断器
	起动按钮 SB2	断开 QS1,用万用表欧姆挡测量按钮两端电阻	更换按钮
主轴不能制动	整流变压器 T1 损坏	合上 QS1,用万用表交流电压挡测量 T1 的电压,输入电压正常为 380 V,输出电压正常为 24 V	修复或更换
	熔断器 FU5 熔体熔断	合上 QS1,用万用表交流电压挡分别测量熔断器的电压	如果输入有电压,输出没有,可确定熔断器故障,更换熔体或熔断器
	整流桥 VD 的二极管损坏	合上 QS1,用万用表直流电压挡测量 VD 输出的直流电压	正常电压为直流 22 V,否则更换
	主轴制动电磁离合器 YC1 线圈已烧坏	断开 QS1,用万用表欧姆挡测量 YC1 线圈电阻	更换 YC1 线圈
工作台不能快速移动	快速进给按钮 SB3 或 SB4 的触点接触不良或接线松动脱落	断开 QS1,用万用表欧姆挡测量按钮两端电阻	更换按钮或接好连线

故障现象	故障分析	检查方法	故障处理
工作台不能快速移动	交流接触器 KM1 动合触点故障	按住 SB3 或 SB4,万用表交流电压挡测量 KM1 触点之间的电压,正常为 110 V	如果电压不正常,更换或修复触点
	整流桥 VD 的二极管损坏	合上 QS1,用万用表直流电压挡测量 VD 输出的直流电压	正常电压为直流 22 V,否则更换
	快速进给电磁离合器 YC3 损坏	断开 QS1,用万用表欧姆挡测量 YC3 线圈电阻	更换 YC3 线圈
工作台不能进给	工作台控制开关 SA2 在"回转台"位置或损坏	观察 SA2 的位置或用万用表欧姆挡测量 SA2 的接触电阻	旋转 SA2 到"进给工作台"位置或更换
	热继电器 KH2 动断触点接触不良	用万用表欧姆挡测量触点电阻	更换热继电器
	主轴电动机 M1 未起动	观察主轴	起动主轴电动机 M1
进给变速不能冲动	进给变速冲动行程开关 SQ 损坏	断开 QS1,用万用表欧姆挡测量 SQ2 触点电阻	修复或更换
	KM3 线圈故障	合上 QS1,按住进给手柄,KM3 不能吸合,用万用表交流电压挡测量 KM3 线圈电压,正常为 110 V	如果电压正常,可更换接触器 KM3 的线圈
	进给操作手柄不在零位	观察进给手柄的位置	进给操作手柄置于零位

➤ 任务实施

一、工作任务单

工作任务单如表 5-10 所示。

表 5-10 工作任务单(2)

序号	任务内容	任务要求
1	X62W 型万能铣床电路图的识读	能够正确识读电路图,并会分析其工作过程
2	X62W 型万能铣床电气系统常见故障的判断	能够判断出 X62W 型万能铣床电气系统的常见故障
3	X62W 型万能铣床电气系统常见故障的排除	会运用仪表检修 X62W 型万能铣床电气系统的故障,并排除故障

二、材料工具单

材料工具单如表 5-11 所示。

表 5-11　材料工具单（2）

项目	名称	数量	型号	备注
所用工具	电工工具	每组 1 套		
所用仪表	数字万用表	每组 1 块	优德利 UT39A	
所用元件及材料	开关 QS1	1	HZ10-60/3J,60 A,380 V	电源总开关
	开关 QS2	1	HZ10-10/3J,10 A,380 V	冷却泵开关
	开关 SA1	1	LS2-3A	换刀开关
	开关 SA2	1	HZ1010/3J,10 A,380 V	圆工作台开关
	开关 SA3	1	HZ3-133,10 A,500 V	换向开关
	主轴电动机 M1	1	Y132M-4-B3,7.5 kW, 380 V,1450 r/min	驱动主轴
	进给电动机 M2	1	Y90L-4,1.5 kW,380 V, 1400 r/min	驱动进给
	冷却泵电机 M3	1	JCB-22,125 kW,380 V, 2790 r/min	驱动冷却泵
	熔断器 FU1	3	RL1-60,60 A,熔体 50 A	电源短路保护
	熔断器 FU2	3	RL1-15,5 A,熔体 10 A	进给短路保护
	熔断器 FU3、FU6	2	RL1-15,15 A,熔体 4 A	整流、控制电路短路保护
	熔断器 FU4、FU5	2	RL1-15,5 A,熔体 2 A	直流、照明电路短路保护
	热继电器 KH1	1	JRO-40,整定电流 16 A	M1 过载保护
	热继电器 KH2	1	JR0-10,整定电流 0.43 A	M2 过载保护
	热继电器 KH3	1	JR0-10,整定电流 3.4 A	M3 过载保护
	变压器 T1	1	BK-100,380/36 V	整流电源
	变压器 TC	1	BK-150,380/110 V	控制电路电源
	照明变压器 T2	1	BK-50,50 V·A,380/24 V	照明电源
	整流器 VC	1	2CZ×4,5 A,50 V	整流用
	接触器 KM1	1	CJ0-20,20 A,线圈电压 110 V	主轴起动
	接触器 KM2	1	CJ0-10,10 A,线圈电压 110 V	快速进给
	接触器 KM3	1	CJ0-10,10 A,线圈电压 110 V	M2 正转
	接触器 KM4	1	CJ0-10,10 A,线圈电压 110 V	M2 反转
	按钮 SB1、SB2	1	LA2,绿色	起动电动机 M1

项目	名称	数量	型号	备注
所用元件及材料	按钮 SB3、SB4	1	LA2,黑色	快速进给点动
	按钮 SB5、SB6	1	LA2,红色	停止、制动
	电磁离合器 YC1	1	B1DL-Ⅱ	主轴制动
	电磁离合器 YC2	1	B1DL-Ⅱ	正常进给
	电磁离合器 YC3	1	B1DL-Ⅱ	快速进给
	位置开关 SQ1		LX3-11K,开启式	主轴冲动开关
	位置开关 SQ2		LX3-11K,开启式	进给冲动开关
	位置开关 SQ3		LX3-131,单轮自动复位	M2 正反转及联锁
	位置开关 SQ4		LX3-131,单轮自动复位	
	位置开关 SQ5		LX3-11K,开启式	
	位置开关 SQ6		LX3-11K,开启式	

➤ 技能训练

X62W 型万能铣床电气系统的检修

1. 实训目标

(1)了解 X62W 型万能铣床的工作状态及操作方法。

(2)能识读 X62W 型万能铣床的电气控制原理图,熟悉铣床电气元件的分布位置和走线情况。

(3)能根据故障现象分析故障原因,确定故障范围。

(4)能用电压法检查 X62W 型万能铣床常见故障,排除故障并能通电试车。

2. 实训内容

在 40 min 内排除两个 X62W 型万能铣床电气电路的故障。

3. 实训工具、仪表和器材

(1)工具:尖嘴钳、剥线钳、螺钉旋具(十字槽、一字槽)等。

(2)仪表:万用表、绝缘电阻表,钳形电流表。

(3)器材:X62W 型万能铣床或 X62W 型万能铣床模拟电气控制柜。

4. 实训步骤

学生按人数分组,每组选一个组长。

以小组为单位,在 X62W 型万能铣床电气系统检测与维修实训台上,根据 X62W 型万能铣床电气控制原理图,对电路的工作过程进行分析,然后小组成员共同制订计划和实施方案,主要计划和实施的内容是设置电气故障和排除其他小组设置的故障。要求:按照 X62W 型万能铣床电气系统故障现象设置故障,按照机床电气系统检修的步骤进行故障检修,并能正确排除其他小组设置的故障,检修好的电路机械和电气操作试验合格。

5. 技能训练与成绩评定

1）训练要求

小组每位成员都要积极参与，以小组为单位给出电气故障检修的结果，并提交实训报告。小组成员之间要齐心协力，共同制订计划并实施。计划一定要合理制订，具有可行性。实施过程中注意安全规范，熟练运用仪器和仪表进行检修，并注意小组成员之间的团队协作，对排除故障最迅速和团结合作好的小组给予一定的加分。

2）成绩评定

X62W 型万能铣床电气系统的检修任务评分表见表 5-12。

表 5-12　X62W 型万能铣床电气系统的检修任务评分表

评价类别	考核项目	考核标准	配分/分	得分/分
专业能力	电气控制电路分析	正确分析电路的工作过程	10	
	故障设置	故障设置合理，不破坏原有电路结构	10	
	故障分析	正确判断出故障范围和故障点	20	
	故障排除	排除方法正确，不损坏电气元件，不产生新的故障点	20	
	会用仪表检查电路	会用万用表检查铣床控制电路的故障	5	
	通电试车	检修后各电动机正常工作，电路机械和电气操作试验合格	5	
	工具的使用和原材料的用量	工具使用合理、准确，摆放整齐，用后归放原位；节约使用原材料，不浪费	5	
	安全用电	注意安全用电，不带电作业	5	
社会能力	团结协作	小组成员之间合作良好	5	
	职业意识	树立对职业劳动的正确认识，诚信，有责任感	5	
	敬业精神	遵守纪律，具有爱岗敬业、吃苦耐劳精神	5	
方法能力	计划和决策能力	计划和决策能力较强	5	

➤ 思考与练习

一、单项选择题

1. X62W 型万能铣床主轴电动机 M1 要求能正、反转，不用接触器控制而用万能转换开关控制，是因为（　　）。

A. 改变转向不频繁　　　　　　　　B. 接触器易损坏

C. 操作安全方便　　　　　　　　　D. 以上都不是

2.为了保证工作可靠,电磁离合器 YC1、YC2、YC3 采用了(　　)电源。

A. 交流　　　　　　　B. 直流　　　　　　　C. 高频交流　　　　　　D. 低频交流

3. X62W 型万能铣床主轴电动机的制动方式是(　　)。

A. 反接制动　　　　　　　　　　　B. 能耗制动

C. 电磁离合器制动　　　　　　　　D. 电磁抱闸制动

4. 在 X62W 型万能铣床控制电路中,快速移动电磁离合器的控制方式是(　　)。

A. 点动控制　　　　　　　　　　　B. 长动控制

C. 两地控制　　　　　　　　　　　D. 点动和两地控制

5. 在 X62W 型万能铣床控制电路中,当工作台正在向左运动时突然扳动十字手柄向上,则工作台(　　)。

A. 继续向左运动　　　　　　　　　B. 向上运动

C. 停止　　　　　　　　　　　　　D. 同时向左和向上运动

6.若要求甲接触器工作后方允许乙接触器工作,则应(　　)。

A. 在乙接触器的线圈回路中串联甲接触器的常开触头

B. 在乙接触器的线圈回路中串联甲接触器的常闭触头

C. 在甲接触器的线圈回路中串联乙接触器的常闭触头

D. 在甲接触器的线圈回路中串联乙接触器的常开触头

7. X62W 型万能铣床的主轴为满足顺铣和逆铣工艺要求,需实现正、反转控制,采用的方法是(　　)。

A. 操作前,通过转换开关进行方向预选

B. 通过正、反接触器改变相序控制电动机正、反转

C. 通过机械方法改变其传动链

D. 其他方法

8.工作台进给运动的电动机没有采取制动措施,是因为(　　)。

A. 电动机惯性小　　　　　　　　　B. 速度不高且用丝杠传动

C. 有机械制动　　　　　　　　　　D. 控制简单

9.若主轴未启动,则工作台(　　)。

A. 不能有任何进给　　　　　　　　B. 可以进给

C. 可以快速进给　　　　　　　　　D. 只能向一个方向进给

10. 当用圆工作台加工时,两个操作手柄均置于零位,万能转换开关 SC3 置于圆工作台位置,则有(　　)。

A. SC3-1、SC3-2 断开,SC3-3 闭合　　　　B. SC3-1、SC3-3 断开,SC3-2 闭合

C. SC3-2、SC3-3 断开,SC3-1 闭合　　　　D. SC3-3 断开,SC3-1、SC3-2 闭合

二、判断题

(　　)1. X62W 型万能铣床主轴电动机为满足顺铣和逆铣的工艺要求,要实现正、反转控制,采用的方法是通过选择开关预置方向。

(　　)2. X62W 型万能铣床主轴电动机和进给电动机控制电路中,设置变速冲动是为了满足机床润滑的需要。

(　　)3. X62W 型万能铣床的主轴电动机未起动时,工作台也可以实现快速移动。

（　　）4.对于 X62W 型万能铣床,为了避免损坏刀具和机床,要求电动机 M1、M2、M3 中有一台过载时,三台电动机必须都停止运行。

（　　）5.在 X62W 型万能铣床的控制电路中,主轴电动机采用自由停车方式。

（　　）6.在 X62W 型万能铣床的控制电路中,主轴电动机的起动和制动是两地控制的。

（　　）7.在 X62W 型万能铣床的控制电路中,同一时间内工作台的左、右、上、下、前、后及旋转这七种运动中只能存在一种。

（　　）8.在 X62W 型万能铣床的控制电路中,当圆工作台正在旋转时扳动纵向手柄或十字手柄中的任意一个,圆工作台都将停止旋转。

三、简答题

1.为防止刀具和机床的损坏,对主轴旋转和进给运动在顺序上有何要求?

2.简述 X62W 主轴制动过程。

3.X62W 中,KM1 和 KM2 的辅助常开触头并联于进给控制电路中,试说明它们的作用分别是什么。

4.在 X62W 电路中,电磁离合器必须用哪种电源? 为什么?

5.请将本任务的知识点以思维导图的形式呈现出来。

参 考 文 献

[1]朱晓慧,党金顺.电气控制技术[M].2 版.北京:清华大学出版社,2021.

[2]苗玲玉,韩光坤,殷红.电气控制技术[M].3 版.北京:机械工业出版社,2021.

[3]赵红顺,马仕麟.电气控制技术实训[M].3 版.北京:机械工业出版社,2024.

[4]赵红顺,莫莉萍.电机与电气控制技术[M].2 版.北京:高等教育出版社,2024.

[5]胡幸鸣.电机及拖动基础[M].4 版.北京:机械工业出版社,2021.

[6]李艳玲,朱光耀.电机与电气控制技术[M].北京:机械工业出版社,2020.

[7]汤天浩,谢卫.电机与拖动基础[M].3 版.北京:机械工业出版社,2018.

[8]范次猛.电气控制技术基础[M].北京:北京理工大学出版社,2021.

[9]孙平,潘康俊.电气控制与 PLC[M].4 版.北京:高等教育出版社,2021.

[10]居海清,徐建俊.电机拖动与控制[M].2 版.北京:高等教育出版社,2019.